KB097764

입시를 알면
아이 공부가
쉬워진다

성적 관리부터 진로 설계까지 엄마의 첫 입시 가이드

입시를 알면 아이 공부가 쉬워진다

정영은
(입시 컨설턴트) 지음

★2023 개정증보판★

유노라이프 LIFE

개정증보판 머리말

입시를 더 알면 아이가 더 잘 보입니다

《입시를 알면 아이 공부가 쉬워진다》를 낸 후, 다양한 곳에서 수많은 부모님들을 만났습니다. 가끔 강의가 끝난 뒤 '책 잘 읽었다'며 수줍게 책을 내미는 분들이 계십니다. 그때마다 감사함과 함께 죄송함이 들고는 했습니다.

부모님들은 책에 포스트잇을 붙여가며 메모를 하고, 인덱스 테이프로 중요 페이지를 표시했으며, 이해가 되지 않는 구절은 형광펜으로 밑줄을 쳐 몇 번이고 다시 돌아보고 계셨던 것입니다. 부모님들이 책을 읽고 공부한 흔적들을 보고 있다 보면 그

간절함과 답답함이 그대로 느껴져서 먹먹함이 밀려왔습니다.

저는 그동안 '부모가 입시를 공부하는 것은 결코 부끄러운 일이 아니다'라고 말하는 데 한 치의 망설임도 없었습니다.

자녀를 위해 입시를 고민하고 직접 공부하여 시행착오를 막고자 하는 노력은 손가락질을 받을 일이 아니라 박수를 받아야 하는 일이라는 생각은 여전합니다. 하지만 어쩌면 이런 제 의견이 가뜩이나 무거운 부모님의 어깨를 더욱 짓누르고 있지는 않을까 하는 우려도 있었음이 사실입니다. 그럼에도 이 책을 읽고 고마운 후기를 들려주는 분들 덕분에 가슴을 쓸어 내립니다.

"아이가 특성화 고등학교에 진학을 할 거라고 말한 뒤 집안 분위기가 말이 아니었어요. 아이는 단식 투쟁까지 했었어요. 그러다 우연하게 이 책을 읽었고, 왜 아이가 그 곳이 아니면 안 되는지에 대해 들으려고조차 하지 않았음을 깨달았답니다. 그 뒤로 아이와 특성화 고등학교에 대해 진지하게 이야기를 나눴고, 함께 입학 설명회도 갔어요. 아이는 막상 가 보니 자신이 생각한 것과는 다르다고 느꼈는지 지금은 일반 고등학교에 진학을 했네요. 대신 교과 학원을 줄이고 아이가 하고 싶었던 공부를 하는 시간을 늘렸어요. 올해 안에 자격증 시험도 치를 거예요."

결국 가장 중요한 일은 자녀의 관심사를 알고 아이와 진솔한 대화를 나눠야 함을 다시 한번 떠올립니다.

부모님들이 입시와 진학을 힘들게 공부하는 이유는 자녀를 '더 좋은 대학'에 보내야 해서가 아닙니다. 우리 아이가 진로 걱정과 학업 부담으로 힘겨워 할 때, 함께 머리를 맞대고 고민하고 조언해 줄 수 있는 '가장 좋은 대화 상대'가 되어 주기 위함입니다.

그래서 이번 개정 증보판에서는 기존 내용에서 2022년 이후의 최신 입시 정보들로 업데이트하는 것은 물론, 자녀와 좀 더 깊이 있는 대화를 나눌 수 있도록 도와줄 입시 정보를 부록으로 실었습니다.

아이들의 공부를 어떻게 지도해야 하는지 걱정하시는 부모님들의 고민을 시원하게 해결하기 위해 부모 입시 강연 때마다 가장 많이 나오는 질문과 답변을 실었습니다. 추가로 제공되는 학생부 자가평가표를 통해 매 학기마다 우리 아이가 성적 외에도 얼마나 치열한 학교생활을 하고 있었는지 이야기를 나누는 시간을 가져보시길 바랍니다. 그리고 고등학교 1학년부터 3학년에게 필요한 입시 계획표를 통해 앞으로 고등학교에 진학할 우리 아이가 얼마나 바쁜 하루를 보내게 될지 이해하시는 시간이 되길 바랍니다. 이 책의 마지막 장을 덮고 난 뒤에는 분명 우리 아이들을 꽉 안아 주고 싶을 정도로 기특해 하실 것이라 자신합니다.

들어가는 글

왜 아이는 부모에게 진로를 털어놓지 못할까?

몇 년 전, 한 고등학생이 있었습니다. 모든 점에서 모범적이었고 늘 치열하게 공부했으며 성적 역시 전교 최상위권인, 그야말로 모든 부모들이 부러워할 것 같은 '엄친아(모든 면에서 완벽하다는 엄마 친구 아들)'였습니다.

이 아이는 학원 수업 쉬는 시간에도 별일 없으면 늘 책을 끼고 살았습니다. 한번은 아이가 읽고 있는 책을 봤는데, 마르크스가 쓴 《공산당 선언》이었습니다. 고등학생이 쉽게 꺼내 읽지는 않는 책이기에 "재미난 걸 읽네? 혁명이 땡기냐?"라며 농담조로 가볍게 물었는데, 돌아온 대답은 놀라웠습니다.

"공산주의가 처음에 어떻게 시작했는지 알아야 사람들이 왜 공산주의를 실패한 시스템이라고 말하는지 알 수 있을 것 같아서요."

겨우 고등학교 2학년, 생명 공학을 전공하고 싶다고 했었던 이과생의 입에서 나온 말에 저는 깜짝 놀랐습니다. 당시 이 아이가 다녔던 학교의 이과 학생들은 철학이나 경제와 관련해 어떠한 과목도 배운 적이 없었기 때문에 더 놀라운 대답이었지요. 그날 수업을 마치고, 그 아이를 불러 이야기를 좀 더 해 봤습니다.

"너, 이런 데 관심이 있었니? 대단하다! 선생님은 전혀 몰랐네…."

그저 이과 학생이 다방면에 관심이 있다는 사실을 칭찬해 주고 싶었던 것뿐이었는데, 아이가 갑자기 울기 시작했습니다. 다시 말하지만, 고등학교 2학년인 덩치 크고 수염 난 남자아이였지요. 순간 당황했지만 다년간의 상담으로 뭔가 저에게 하고 싶은 말이 있다는 것을 알 수 있었습니다. 몇 분 동안 울던 아이는 잠시 뒤에 진정하고 말을 꺼냈습니다.

"사실은 선생님, 저 이과 가기 싫었어요."

아이는 공부를 잘했습니다. 초등학생 때부터 언제나 우등생이었으며 국어, 영어, 수학 할 것 없이 두루 잘했다고 합니다. 수학 경시대회에 나가 몇 번이고 상을 타기도 했지요. 아이의 부모님과 상담하면서 이미 몇 번이고 들은 이야기였으니, 저도 잘 알고 있는 사실이었습니다. 남들은 다들 부러워했지만, 아이는 그때부터 뭔가 잘못된 것 같다고 했습니다.

수학을 잘하긴 했지만 재미는 없었노라고 아이는 고백했지요. 책을 보고 토론하는 것이 훨씬 재미있었고 적성에 맞는다고 여겼지만, 부모님께 이런 이야기를 할 때마다 "문과 가서 뭐 먹고 살래!"라는 호통만이 돌아왔다며 고개를 떨궜습니다. 동시에 이제는 한계라고 고백했지요.

막상 이과를 오니 점점 수학과 과학 성적이 나오지 않아 힘에 부치게 되었다고 했습니다. 시험 기간이면 하루에 4시간 이상 자 본 적이 없어 일주일에 몇 번씩 코피가 났는데, 이런 생활을 앞으로 1년 반 더 할 수 있을지 모르겠다며, 아니 버틴다고 해도 공과대학교를 가서 무사히 졸업을 할 자신이 없다며 아이는 그렇게 또다시 울기 시작했습니다.

이야기를 다 듣고 나니 기분이 착잡했습니다. 이미 몇 년에 걸쳐 상처를 받고 입을 다물었을 아이에게 어떤 말로도 위로가 될 것 같지 않았기 때문이었지요. 제가 할 수 있는 말은 그저 "혹시 내가 도움이 될 만한 게 있겠니?"라고 되묻는 것뿐이었습니다. 아이는 또다시 울먹이며 말했습니다.

"선생님이 우리 엄마한테 말 좀 해 주시면 안 돼요? 저 문과 가면 더 잘할 것 같다고…. 제가 이렇게 말했다고는 하지 마시고요."

다음 날, 아이의 어머님과 한 시간이 넘도록 길게 통화했고, 아이는 마침내 문과로 옮겨 자신이 원하는 공부를 할 수 있게 되었습니다. 언제나 눈가에 가득했던 다크서클도 점점 사라졌고 표정도 더 밝아졌지요.

그날, 고작 한 시간 남짓한 통화로 어머님의 마음은 돌려놓았지만 어머님이 가지고 있던 아이의 미래에 대한 걱정까지 모두 바꿔 놓은 것은 아니라고 생각합니다. 그저 제가 한 일이라고는 어머님의 가장 큰 걱정을 덜어 줄 만한 입시 이야기를 한 것뿐이었지요. 사실 그다지 특별한 조언도 아니었습니다.

저는 아이와 상담하면서 아이의 부모님이 "좋은 대학에 문과로 들어가 봐야 요새 취직도 힘들대. 그냥 이과로 진학해"라는 말을 자주 했다는 사실에 주목했습니다. 결국 부모님의 가장 큰 걱정은 대학교를 졸업하고 금쪽같은 내 아이가 사회에 나가 사람 구실을 제대로 하고 살 수 있을까 하는 것이었지요. 부모라면 누구나 걱정할 만한 일이고, 너무나 당연한 생각이지요.

상담이 끝나고, 아이의 고등학교 1학년 학생부를 보았는데 워낙 착실하게 공부했던 터라 주요 과목은 물론이고, 모든 과목의 성적이 골고루 좋았습니다. 또한 책을 좋아해서 독서 기록 역시 풍부했고, 토론 동아리에서 다양한 주제로 토론을 이끌어 왔으며, 특히 아동 복지 시설에서 초등학생들에게 정기적으로 과학 실험을 가르쳤던 활동이 눈에 띄었지요. 게다가 남학생!

교육대학교가 원하는 완벽한 인재상에 가까웠습니다. 아이의 교육대학교 진학에 대한 가능성을 보았습니다. 졸업과 동시에 초등학교 교사로 발령이 거의 확정되니, 이보다 더 직업 안정성이 높은 곳을 찾기도 힘들지요. 그동안은 이과생이었고 공과대학교를 지망한다고 말해 왔었기에, 아예 교육대학교나 사범대학교에 대한 가능성은 제외했었지만 이제 달라졌지요.

이 이야기를 넌지시 아이의 부모님께 꺼내며 만약 교육대학교를 지망한다면 내신 경쟁이 심한 이과보다는 문과가 좀 더 가능성이 높다는 말을 곁들였습니다. 워낙 국어 성적이 좋고 다방면으로 독서를 해 왔으니, 사회 과목을 지금 시작한다고 해도 늦지는 않을 거라는 말도 덧붙였지요. 부모님과 통화를 한 날, 아이와 부모님은 생각지도 못했던 교육대학교에 대한 이야기를 나눴다고 합니다.

아이의 부모님이 놓친 것은 무엇이었을까요? 바로 '입시'입니다. 하나뿐인 아들이었고, 어릴 때부터 수학을 잘한다는 사실에만 집중하는 바람에 오히려 아들의 적성에 맞고 실제 진학 가능성이 높은 교육대학교는 아예 선택지에 넣지도 않은 것이지요. 초등학교, 중학교 때 받은 경시 대회 상장 몇 장에 너무 많은 기대를 했는지도 모릅니다. 게다가 입시가 복잡해지는 바람에 진학 방법이 학과마다 지나치게 달랐던 터라, 아이의 적성과 고민을 후순위로 밀어냈던 것은 그야말로 최악의 수였지요.

만약 처음부터 이 부모님이 대학교를 졸업하고 안정성이 높은 직업을 선택할 수 있고, 아이의 적성과도 맞는 대학교나 학과가 있다는 사실을 알았더라면, 어땠을까요? 그랬다면 부모님은 어렸을 때 받은 상장이 아니라 아이의 진짜 관심사에 집중했을까요? 적어도 수년간 지속됐던 불화와 불통은 없었을 테고, 사랑하는 아들의 눈물도 보지 않았을지도 모릅니다.

제가 이 책을 쓰게 된 계기도 바로 이 경험을 하고 나서부터였습니다. 입시는 단순히 대학을 잘 가기 위한 수단이 아닙니다. 요즘 아이들이 대면하고 있는 입시 환경은 학력고사 세대와는 매우 달라서, 적성과 진로가 곧 입시로 연결되고 있기 때문에 입시를 모른다는 사실은 내 아이의 진로를 외면한다는 사실과 같습니다. 물론 부모가 굳이 세세한 입시 내용, 예를 들어 서울대학교에 입학하려면 내신이 몇 등급이어야 하는지, 수능 점수는 또 몇 점이어야 하는지 등을 알 필요는 없습니다. 다만 내 아이의 진로와 미래, 더 나아가 행복한 삶을 위한 발판이 될 20대의 시작을 잘 열어 주기 위해, 교육에 대한 방향성 정도는 알아야 하지 않을까요?

자녀의 입시란 곧 자녀의 진로 지도입니다. 입시는 모른 척할 수 있지만 내 자녀의 진로를 모른 척할 수는 없겠지요. 학업 성적이 좋으면 '만사 오케이'였던 우리 부모 세대와는 다르게 대학교뿐 아니라 교육 과정 전반이 변했습니다. 그 단적인 예가 바로 중학교 1학년 자유학년제와 2009년생 이하 아이들부터 적용될 고교학점제입니다.

정기 시험이 사라진 중학교 1학년 자유학년제는 단순히 학생들의 학업 부담을 덜어 주기 위한 제도가 아닙니다. 자유학년제는 학업보다 진로 탐색을 우선하여 시험 공부를 하는 시간을 아껴 학교 안팎에서 열리는 다양한 활동을 하면서 적성과 소질, 그리고 꿈을 찾으라고 준 일종의 '입시 유예 기간'입니다.

따라서 이 기간 동안 치열하게 진로를 고민했다면 이제 고등학교에 올라가서는 '네 꿈에 도움이 되는 과목을 선택해서 시간표를 짜고, 학점을 이수해서 졸업하렴'이라고 말하는 것이 고교학점제의 본질이지요.

진로가 명확하고 구체적인 아이들에게는 꿈과 희망이 넘실대는 그야말로 천국 같은 제도이지만 친구 따라 강남도 갔다가, 엄마 따라 부산도 갔다가, 누나 따라 제주도도 갔다 온 아이들은 오롯이 그 책임을 스스로 져야만 하지요. 꿈을 찾지 못했다는 이유로 입시에 실패하는 것입니다.

초등학생 부모라고 입시가 먼 이야기라며 망설일 시간이 없습니다. 자유학년제와 고교학점제를 곧 앞둔 초등학생 부모일 때부터 입시를 정확하고 명확하게 이해해야만 합니다. 그래야 귀한 내 아이의 진짜 고민을 들어주고 그 고민을 함께 짊어질 수 있는 부모가 될 수 있을 것입니다.

입시 컨설턴트

정영은

· 목차

1장

"소통하는 부모가 되기 위한 입시 공부"

부모 입시 마인드셋

2장

"입시, 제대로 알아야 아이 공부가 보인다"

입시 팩트 체크

3장

"'고교학점제'를 알아야 중등 3년이 편하다"

입시의 축 고교학점제

4장

"통합형 수능을 알아야 아이 성적을 잡는다"

수능 대비 전략

5장

"탄탄한 내신 대비도 정보가 힘이다"

내신 대비 전략

6장

“10년 뒤를 내다보는 아이 공부 전략”

입시 활용법

부록

1장

"소통하는 부모가 되기 위한 입시 공부"

부모 입시 마인드셋

1등급이 합격을 보장하지 않는 시대

우리나라 입시 문제, 누군가 말을 꺼내기라도 하면 다들 한마디씩 말을 보탤 정도로 말도 많고 탈도 많은 영역입니다. 교육 뉴스는 언제나 암담하지요. 지금이 가장 최악인 줄 알았는데 앞으로는 지금보다 더하다며 신문이며 뉴스, 인터넷, 동네 이웃들까지 모두 입을 모아 한목소리를 냅니다.

과거 어른들이 겪어 낸 시기였고 현재 아이들이 겪고 있는 시기이며 미래 아이들 역시 피해 갈 수 없으니 다들 입시에 대해 할 말도, 의견도 많을 수밖에 없지요.

현재의 입시 제도는 권력을 누가 쥐었느냐에 따라 지나치게 빠르게 변하고, 변할 때마다 점점 더 복잡해지고 있습니다. 매년 입시가 달라지다 보니 학력고사 세대 혹은 수능 시대를 겪은 기성세대 입장에서는 이해할 수도 없고, 이해하기도 싫은 일이 지금의 입시 판에서 벌어집니다.

달라진 교육 과정에 따른 새로운 입시

엄마들은 교육 뉴스를 보면 절반은 모르는 단어인데, 앞으로 입시가 더 복잡해지고 다양해질 것이라며 난리입니다. 문제는 무작정 새로운 교육 뉴스와 소문에 눈을 감고 귀를 막을 수도 없다는 사실이지요. 예전 학력고사나 수능 시대와 현재는 너무나 달라졌습니다. 학력고사나 수능만 잘 보면 원하던 대학교에 갈 수 있었던 학창 시절을 보낸 부모들은 오늘날의 입시가 버겁기만 합니다.

그때는 '어떻게 하면 공부를 잘할 수 있을까?'에 대한 고민만 하면 되는 간단한 시절이었습니다. 공부하기가 어려워서 그렇지, 공부만 잘하면 모든 것이 해결되는 시대, 그것이 부모 세대가 겪어 낸 입시였지요. 하지만 지금은 아닙니다. 부모가 가진 정보에 따라 어떤 아이는 대학교에 붙고, 어떤 아이는 떨어졌다는 이야기가 더 이상 화젯거리도 되지 못하는 세상입니다.

죽어라 공부해서 내신 1등급을 유지했지만 '학생부가 안 좋아서'

목표하던 대학교에 떨어진 옆 동 혜민이네 엄마는 세상이 잘못되었다며 분통을 터뜨립니다. 그런가 하면 주말마다 봉사, 동아리 활동을 하느라 대체 공부는 언제 하나 싶던 옆 아파트의 은지네는 명문 대학교를 몇 군데나 합격해 온 동네 주민의 이목을 끌기도 합니다.

"○○고등학교 엄마들이 그러는데, 수업 말고도 해야 할 게 많다고 그러더라고요. 어떤 엄마들은 애들 시간 없다고 그림도 대신 그리고 독서 기록장도 대신 쓴다기에 미쳤다고 그랬거든요. 설마 진짜 그렇게까지 하나요? 아니죠? 괜히 겁주는 거죠?"

성적이 좋지 않아도 '비교과'만 좋으면 명문 대학교에 척척 붙는다는 도시 전설 같은 이야기에 엄마들의 마음은 더욱 급해집니다. 모두들 쉬쉬하지만 꽤나 많은 집에서 엄마들이, 초등학교 3학년이 아니라 고등학교 3학년인 자녀의 숙제를 대신한다고 합니다. 엄마들의 불안을 보여 주는 단적인 예입니다.

아이는 내신 등급이다, 모의고사 성적이다 해서 학원으로, 독서실로 공부하느라 바쁘기 때문에 미술 수행 평가 준비나 담임 선생님에게 책을 읽었다는 증거로 제출할 독서 기록장은 엄마가 대신합니다. 그 편이 효율적(?)이라고 생각하는 것이지요.

'카더라'가 아닌 '맞더라'가 되는 입시 공부

"선생님, 저희 집 큰 애가 이번에 고등학교 1학년에 올라갔는데요. 같은 반 애들 자습할 때 보니까 다들 고등학교 2학년 수학 문제집을 풀고 있더래요. 우리 아들은 이제 1학년 1학기 진도 나가는 중이거든요. 놀라서 다른 엄마들한테 물어봤더니 아예 고등학교 전 과정 다 봤다는 애들도 꽤 있다던데… 저희 아이 어떡해요?"

새 학기가 시작되는 3~4월이 되면 얼굴이 새파랗게 질린 학부모님들이 학원 문을 두드립니다. 내 아이만 빼고 다른 아이들은 초등학교 때부터 선행 학습을 하고 있었다면서, 아이가 스트레스 받을까 봐 선행 학습시키지 않았던 지난 날을 후회한다고 말입니다.

어느 순간 교육 특구를 중심으로 '특목고 입시'를 위해 준비하던 선행 학습이 평범한 학생들에게까지 퍼져 나가 경쟁이 붙었습니다. 지나치게 선행 학습이 강조되면서 평범하기 그지없는 학생들도 지금 하고 있는 학습을 탄탄히 하는 것보다는 남들처럼 선행 학습을 해야 '뒤처지지 않는 것'이라 받아들이기 시작했지요. 당연히게도 부작용은 심각하지만, 그렇다고 과감히 "NO!"를 외치기도 어렵습니다.

한쪽에서는 이런 분위기가 문제 있다고 말하지만, 또 한쪽에서는 끊임없이 실체 없는 라이벌과 내 아이를 비교하라고 이야기합니다.

몇 학년 때는 이런 선행 학습을 들어가야 한다고 말합니다.

아이가 초등학생 때까지만 해도 성적이 잘 나와서 나름의 신념을 가지고 양육하던 부모님도 아이가 중학생이 되어 성적이 낮아지자 불안함에 신념은 사라지고 후회만 남는다고 합니다. 늦은 만큼 더욱 더 아이를 채찍질하기 시작하지요.

부모가 입시를 공부한다는 것은 입시 컨설턴트나 입시 학원의 강사처럼 대학교 합격증을 목표로 삼으라는 말이 아닙니다. 그저 온갖 '카더라' 소식이 난무하는 우리나라의 입시 현실 속에서 자녀 교육에 대한 가치관을 바로 세우고, 흔들림 없이 아이의 뒤를 받쳐줄 수 있도록 뿌리를 단단히 내리기 위함입니다. 이것이 바로 부모가 입시를 공부해야 하는 진짜 이유이며, 불안을 조장하는 사회에서 줏대 없이 흔들리며 자신도 모르게 아이를 멍들게 하는 일을 미리 방지하는 유일한 길입니다.

공부가 쉬워지는 입시 컨설팅

과거와 다르게 1등급이라는 성적이 무조건 좋은 대학교를 보장하지는 않습니다. 입시가 복잡해지면서 내신 시험 점수뿐 아니라 비교과적인 영역 또한 상당한 영향력을 가지고 있기 때문입니다. 따라서 부모님이 입시를 정확히 이해하고 있다는 사실은 그 어떤 전문가보다 내 자녀에게 맞는 장기적인 계획을 세우는 것이 가능하다는 뜻이기도 합니다. 올바른 입시에 대한 부모님의 학습은 중요한 시기, 내 아이가 겪을 시행착오를 줄여 줍니다.

지나친 간섭과 적절한 도움은 다르다

'헬리콥터 맘'이란 아이 주변을 끊임없이 빙빙 돌며 자녀의 모든 일을 마치 자신의 일처럼 여기며 간섭하거나 참견하는 양육자를 말합니다. 이미 이십여 년 전부터 우리나라뿐 아니라 세계 각국에서 널리 사용되고 있습니다.

우리나라에서는 이 헬리콥터 맘이 유아기 시절부터 시작해 입시 기간에 있는 중고등학생 때에 가장 많이 나타납니다. 아직 사춘기가 오지 않은 초등학생이나 중학교 저학년생에게는, 엄마의 참견이 잔소리로 들리기는 하겠지만 분명히 도움이 되기도 한다는 점까지 부정하지는 않겠습니다.

아이를 망치는 간섭하는 엄마

어린 자녀에게 부모의 적절한 참견은 애정 어린 시선의 산물이며, 실제로 어린 자녀가 낯선 학교라는 새로운 사회에 적응하는 데 큰 힘이 되기도 합니다. 예를 들어, 초등학생 자녀의 '반 톡'을 확인하면서 준비물이나 학교 행사를 챙겨 차질이 없도록 돕거나, 부족한 학습을 직접 챙기며 학습 공백을 막고 무탈하게 다음 스텝을 준비할 수 있도록 돕는 행동은 박수 받아야 마땅할 양육자의 본보기와도 같지요.

문제는 자녀가 사춘기를 거치면서 몸도, 마음도 부쩍 성장했음에도 이를 인정하지 않으려는 것에서부터 시작됩니다. 한번은 상담을 오신 학부모님 중에 이런 이야기를 하시는 어머님이 계셨지요.

"선생님, 우리 애는 아직 아기라서 숙제를 내 주실 때는 꼭 저한테 말씀해 주세요. 제가 챙길게요. 정답지는 따로 저한테 주세요. 우리 애는 아직 채점을 잘 못해서요. 제가 안 해 주면 넋을 놓고 있거든요. 그리고 애가 모르는 문제에 대해 질문하면, 수업 끝나고 그 문제 저한테도 얘기해 주실 수 있나요? 제가 체크해 놔야 오답 노트를 꼼꼼히 썼는지 확인할 수가 있어서요. 이렇게 안 하면 안 쓰고 넘어가는 문제들이 있더라고요."

채점도 자기 손으로 못 하고 정답지도 엄마가 관리해야 하는 그 '아기'는 고등학교 2학년 학생이었지요. 수능을 보기까지 13개월쯤 남은 시점이었습니다.

이야기를 더 들을 것도 없이 정중히 입회를 거절해야만 했습니다. 교육관이 맞지 않아 수업은 힘들겠다는 말에 어머님은 대체 뭐가 문제냐고 되물었지만, 다년간의 경험으로 어떤 말로도 어머님의 생각을 바꿀 수 없다는 사실을 알고 있었기에 그저 죄송하다는 말밖에는 드릴 말이 없었지요.

자녀가 수능을 앞둔 학부모들 중에는 자녀의 '매니저'를 자청하는 경우가 매우 많습니다. 하지만 헬리콥터 맘은 단순히 매니저 역할을 하려고 하는 것이 아닙니다. 따라서 이 두 부류의 학부모는 반드시 구분해야 합니다.

매니저 역할을 하는 학부모는 자녀를 돕기 위해 움직입니다. 자녀가 말한 문제집을 대신 사 놓거나, 자녀의 선생님들과 시간표 조정을 대신해 주거나, 공부하고 있는 아이에게 간식을 차려 주거나, 아이가 이동할 때 기사 역할을 해 주는 식이지요.

대부분의 시간을 자녀를 위해 사용하고 있다는 점에서 매니저형 학부모와 헬리콥터 맘은 매우 비슷해 보이지만, 매니저형 학부모는 결코 자녀의 일에 직접적으로 관여하지는 않습니다. 어디까지나 결정은 자녀의 몫으로 두고, 요청과 부탁이 있을 때 이를 돕는 조력자의 역할을 하는 것이지요. 따라서 이런 양육 환경의 아이는 부모의 든든한 지원과 일관성 있는 격려 속에서 스스로 정한 목표를 위해 달려갈 수 있는 힘을 키워 나갑니다.

육아 강박의 또 다른 형태, 헬리콥터 맘

하지만 헬리콥터 맘은 어떠한가요? 초등학생이 아니라 중학생, 더 나아가 고등학생 자녀의 학습 노트를 직접 관리하면서 "왜 10페이지의 4번 문제는 풀지 않았니?"라며 다그치고, 자녀도 모르는 옆 반 아이의 성적을 듣고 와서는 "1반 ○○이랑 영어 그룹 과외 같이 하기로 했어. 걔가 너희 학교 영어 1등이라며? 지금 다니는 학원은 오늘까지만 간다고 얘기해 놨으니까 문제집 다 챙겨 와"라고 통보하는 식이지요.

결정의 주체가 자녀가 아니라 엄마가 되는 판국이니, 자녀의 스트레스는 끝없이 쌓일 수밖에 없습니다. 안타깝게도 이 이야기는 제가 실제로 직접 겪은 일들 중 극히 일부분일 뿐입니다. 개인적으로 가장 놀란 경우는 자녀의 인터넷 검색 기록을 몰래 확인한 뒤, 여러 선생님들에게 전화를 걸어 "우리 아이가 요새 이런 데 관심이 있는 것 같은데 얘기 들은 것 없나요?"라며 묻는 학부모였습니다. 아이에게는 이런 사실을 비밀로 해 달라는 것을 보면 분명히 잘못된 일임을 알고 계신 듯했는데, 저로서는 이해하기 어려운 부분이었지요. 이런 사례들은 일부 학부모들이 자녀를 어떻게 자신의 통제하에 두고 싶어 하는지 적나라하게 보여 줍니다.

헬리콥터 맘과 같은 성향의 학부모들은 자녀에게 자신이 모르는 비밀이 생긴다거나, 혹은 자신이 정해 준 길에서 자녀가 이탈할 수도 있다는 데 굉장한 불안을 가지고 있는 듯합니다. 한 치의 오차도 없이 '완벽하게' 자녀를 키워야 한다는 강박을 가진 이들로서는 감당하기 어려운 스트레스이지요. 하지만 그런 강박 탓에 아이를 감시하고 통제하며 서로에게 끊임없이 생채기를 내고 있으니, 결국 본래 목적이었던 '완벽하게 자녀를 키워 내는 것'은 이미 실패했다고 봐야 하지 않을까요?

교육 심리학자들은 이런 헬리콥터 맘의 강박은 육아 강박의 또 다른 형태라고 말합니다. 귀하디 귀한 내 자녀에게 능력이 되는 한 최대한의 지원을 통해 가장 이상적인 환경을 만들어 주고 싶다는 간절한 마음은, 어느새 불안이 되고 맙니다.

이런 부모의 불안을 동반한 감정은 자녀가 자신의 뜻대로 움직여 주지 않거나 예상했던 것보다 낮은 성취 결과를 보일 때 분노로 바뀐다는 점이 가장 큰 문제입니다.

어려서부터 부모의 부정적인 감정을 경험한 아이들은 '모두 내가 잘못했기 때문에' 불화가 생긴다고 자책하게 되며, 강박적인 성향을 내재한 채 성장할 확률이 높습니다. 언제 터질지 모르는 시한폭탄 같은 존재가 되는 것이지요.

이런 헬리콥터 맘들이 아이에게 자주 하는 말버릇이 몇 가지 있습니다.

1. 남들은 하고 싶어도 못 하는데….
2. 엄마가 알아봤는데….
3. 그런 건 나중에 하고….

세 가지 말에 담긴 속뜻을 천천히 생각해 보면, 결국 헬리콥터 맘이 자녀에게 하고 싶은 얘기는 "넌 그냥 잔말 말고, 엄마 시키는 대로 해!"라는 한 줄로 귀결됩니다.

화를 내거나 짜증을 내지 않아도 듣는 이의 숨통을 옥죄어 오는 갑갑함이 느껴지지 않나요? 이런 대화 방식이 자녀를 내 방식대로 통제하고 간섭하고야 말겠다는 의지를 포함하고 있기 때문이지요.

문제는 고분고분하게 엄마 말이라면 무서워서든, 납득이 되어서든 잘 듣던 아이들이, 자신만의 가치관을 형성하는 사춘기를 거치며 달라지는 것입니다. 더 이상 엄마의 가치와 '나'의 가치를 동일시하지 않는 오롯이 하나의 인격이 형성되는 순간, 자녀는 부모에게서 정신적 독립을 하려 하지요. 이때부터 비극이 시작됩니다.

여전히 자녀와 자신을 분리하지 못한 채, 자녀의 성공이 곧 나의 성공이라 확신하는 부모와 '엄마의 생각과 내 생각은 달라'라고 선언하며 새로운 길(부모가 보기에는 신뢰할 수 없는 새로운 방향)을 찾아 헤매는 자녀 사이에는 갈등만이 가득하게 됩니다.

게다가 헬리콥터 맘 아래서 자란 자녀는 자아 존중감이 낮은 탓에 불안정한 사춘기에 접어들면서 위험 행동을 할 가능성이 평균보다 매우 높다는 연구 결과도 있습니다. 부모의 간섭과 통제에 대한 반발심 때문에 비행을 저지를 확률이 높아진다는 뜻이지요.

공부는 결국 아이의 몫

물론 엄마들도 할 말이 있습니다. 예전에 비해 많이 달라지긴 했지만, 그래도 여전히 자녀 교육의 주된 역할은 엄마이고, 자녀의 성공적인 학업과 입시는 곧 '엄마의 성적표'와 마찬가지라는 사회 분위기는 여전히 존재합니다. 엄마들도 압박을 받고 있는 상황이지요. 하지만 엄마의 부담감이 아무리 크다고 해도 아이들이 받는 압박보다 크지는 않을 것입니다.

부모는 아이의 시행착오를 지켜보는 법을 배워야 합니다. 다치고 넘어지고 뻔히 보이는 잘못된 길이더라도, 아이가 직접 실패를 경험해 보아야 합니다. 당장 보기에 답답하고 신경질이 날지도 모릅니다. 힌트를 주고 싶고 앞장 서서 길잡이가 되어 주고 싶은 마음은 당연합니다. 하지만 직접 실패와 좌절을 겪어 본 아이야말로 정말 중요한 인생의 지혜를 배웁니다. 바로 극복하는 힘이지요.

사춘기가 있는 5~6년의 기간 동안 아이들은 작든 크든 수없이 낙담하고 쓴맛을 볼 수밖에 없습니다. 그러나 어릴 때부터 툭툭 털고 일어나 다시 한번 도전하는 버릇이 든 아이의 몸은 점점 단단해지지요. 그리고 그런 아이들은 헬리콥터 맘을 둔 친구가 엄마와 함께 막다른 벽에 몰려 낑낑거리고 있을 때, 유유히 벽을 부수고 앞서 나갈 것입니다.

공부가 쉬워지는 입시 컨설팅

육아의 강박이 아이를 다그치게 만들고, 하나부터 열까지 관여하는 헬리콥터 맘이 되게 합니다. 입시에 관해서도 엄마가 관여해서 이끌라는 뜻이 아닙니다. 다만 아이와 진로에 대해서 이야기하기 쉽고, 아이에게 도움을 줄 수 있기 때문에 입시 제도를 제대로 알라는 의미입니다. 엄마가 세운 계획대로 이끌어 가려는 생각은 일찌감치 내려놓으세요. 옆에서 지지하고 응원해 주며 도움을 줄 수 있는 매니저 맘이 되시길 바랍니다.

때로는 아이에 대한 객관적 시선도 필요하다

케케묵은 농담이지만, 어렸을 때는 '아인슈타인 우유'를 마시고, 초등학교에 입학하면 '서울 우유'를, 중학교 때는 '연세 우유'를 마시다가 고등학교 때는 '건국 우유'를 찾고, 고등학교 3학년 원서를 쓸 때에는 '저지방 우유' 말고는 내가 마실 우유는 없더라 하는 별 시덥지 않은 농담이 있습니다.

하지만 이 쉬어 빠진 유머가 몇십 년의 세월을 살아남아 아직까지도 아이들 사이에서 회자되고 있다면 과연 믿으실 수 있으신가요? 어쩌면 이 '죽지도 않고 또 오는 각설이' 같은 농담 속에 담긴 진짜 의미는 수십 년 동안 하나도 변하지 않은 부모들의 착각이 담긴 블랙 유머가 아닐까 하는 의심이 듭니다.

학업 위기의 시기, 세 번 온다

내 아이의 일 앞에 초연할 수 있는 부모는 없습니다. 어쩌면 부모는 노심초사 일희일비하는 존재가 아닌가 싶기도 합니다. 갓 태어난 자녀를 보면서 '이때쯤이면 뒤집기 할 때도 됐는데?', '조리원 동기 누구는 벌써 엄마 소리를 했다는데…' 하며 혹시라도 발달이 늦지는 않은가 전전긍긍하는 엄마 마음이지요.

실체를 알 수 없는 전설 속의 엄친아와 비교하지 말라는 명사의 강연을 들으며 고개를 끄덕이다가도 내 아이가 하라는 숙제는 안 하고 게임을 하고 있으면 속에서 천불이 나는 것이, 우리 부모의 자화상 아닐까요?

그럼에도 부모의 눈에 비친 아이는 언제나 가능성이 열려 있는 존재입니다. 우리 아이가 수재나 영재가 아니라는 사실 정도야 중학생쯤 되면 깨닫는 대다수의 부모들이라 할지라도, 자녀의 잠재력만은 끝까지 믿고 있다는 것이 이를 증명하지요. "선생님, 우리 애가 공부를 안 해서 그렇지…"라는 말은 어쩌면 내 아이에 대한 믿음이 흔들리지 않도록 스스로에게 하는 말일지도 모릅니다.

자녀에 대한 부모의 믿음이 잘못되었다고 말하려는 의도가 아닙니다. 아이를 믿어 주는 일은 중요합니다. 하지만 입시는 현실이기 때문에 몇몇 시기에는 무작정 덮어놓고 자녀를 믿으면 위험할 수 있다는 사실을 알리려는 것이지요. 특히 다음 세 번의 시기 동안은 아이의 말을 무조건적으로 따라 주기보다는 충분한 이야기를 나누면서 함께 계획을 세우기를 추천합니다.

첫 번째 시기: 초등학교 3학년, 수포자의 등장

한국교육과정평가원에 따르면 학습 부진, 그중에서도 특히 수학을 포기한 이른바 '수포자'가 처음 등장하는 시기가 초등학교 3학년 때라고 합니다. 고학년이 되는 초등학교 4학년도 아니고, 왜 하필 3학년일까요?

이는 교육 과정 편제에서 알 수 있습니다. 현재 초등학교 3학년 아이들은 처음으로 분수와 도형을 배웁니다. 1, 2학년 때는 단순 연산 기호를 배우고 연산 연습을 하는 데 그쳤지만, 3학년 때는 본격적으로 사고력을 요하는 단원을 접하는 것이지요.

새롭게 등장하는 기하학적 요소와 여태까지 사용하지 않았던 개념의 등장은 아이들에게 자연스레 수학에 대한 거부 반응을 일으키도록 합니다. 학교에서는 학생들의 거부감을 줄이기 위해 다양한 교구와 학습 방법을 사용하지만 단체 생활을 하는 학교의 특성상, 어쩔 수 없이 학습 부진을 경험하는 아이들이 생길 수밖에 없는데, 이때 학습에 어려움을 느낀 아이들은 자연스레 수학에 대한 반발심으로 위기를 겪으면서 결국 수포자에 이르게 되지요.

하지만 많은 학부모들은 '아직 저학년이니 굳이 스트레스 받으면서 공부시킬 필요는 없지 않을까?' 하는 생각 때문에 학습에서 중요한 시기를 놓치는 우를 범하고 맙니다.

만약 이 시기에 아이 입에서 수학에 대한 불만이나 학업 스트레스가 보이기 시작한다면 갑작스러운 난이도 상승에 학업 위기가 왔음을 인정합니다. 아이의 난이도에 맞춘 학습 솔루션을 제시함으로써 앞으로 더 큰 장기 계획을 세울 수 있도록 돕는 지혜가 필요합니다.

두 번째 시기: 중학교 1학년, 자유학기제의 시행

지역마다 중학교 자유 학기의 시기 및 기간은 조금씩 차이가 있지만, 대부분 자유 학기는 1학년 전체로 확대되었습니다.

많은 학부모님들이 교복을 입은 자녀를 보며 '이제 다 키웠네' 하며 훌쩍 자란 아이를 대견해하지만, 막상 중학교에 입학한 후 몇 개월이 지나고 보면 오히려 초등학교 고학년 때보다 공부를 더 안 한다며 푸념을 하는 경우가 적지 않습니다. 이유는 자유학기제가 확대되면서 시험이 없어졌기 때문입니다.

물론 자유학기제는 아이들의 진로와 꿈을 찾아 주는 집중 기간으로서 분명한 의의가 있지만, 이 기간을 적극적인 진로 탐색의 시간으로 활용하는 아이들보다는 그저 시험이 없는 '자유의 시간'으로 받아들이는 아이들이 훨씬 더 많다는 사실이 중론입니다.

문제는 중학교 1학년 때 학습 공백이 생기는 이유는 초등학교와 중학교 사이에 어마어마하게 달라진 학업 난이도의 충격을 덜어 줄 기간이 사라진다는 뜻과 일맥상통하지요. 시험의 부재는 필연적으로 대다수의 아이들에게서 목적 의식을 앗아가고, 복습의 필요성도 체감하지 못하게 하기 때문에 자연스레 학업 수행 능력이 저하되고 맙니다.

그렇기에 이 시기에는 부모님이 적극적으로 개입하여 자녀가 시험이 없더라도 학업을 이어갈 수 있도록 목표를 함께 설정하고 달성할 수 있도록 지원해야 합니다.

세 번째 시기: 고등학교 1학년, 첫 시험 이후

아이에게 요구되는 학업의 양이 가장 극단적으로 늘어나는 시기입니다. 일단 과목 수가 늘었으며, 한 번에 시험을 치르는 양도 비교가 안 될 정도로 늘어나지요. 어려워진 난이도는 둘째 치더라도 단순히 학업량만 따져도 중학교 때의 4배에 가까워지지요.

그런데 고등학교 1학년이면 이미 아이의 머리가 굵어진 시기이기 때문에 부모님의 애정 어린 걱정은 그저 잔소리로 들릴 뿐입니다. '공부'의 '공'이라는 단어만 나와도 날이 선 대화가 오가며 서로 감정이 상하는 시기가 됩니다. 이 시기는 부모님들이 아이의 학업에서 손을 떼기 가장 쉬운 때이기도 하지요.

고등학교 입학 후 첫 시험을 치른 아이는 적나라하게 드러난 상대 평가 결과에 크게 당황하지만, 이어지는 시험에서도 결과는 비슷합니다. 분명 첫 시험 이후로 독서실도 가고 문제집도 더 많이 푼 것 같은데 여전히 등수는 고만고만합니다. 이때 많은 아이들이 "선생님, 저는 머리가 나쁜가 봐요. 해도 안 돼요"라며 자포자기하고 말지요.

열심히 공부했는데도 아이의 성적에 유의미한 변화가 생기지 않는 것은 어쩌면 당연한 일입니다. 왜일까요? 우리 아이만 열심히 공부한 게 아니니까요. 고등학교 1학년 첫 시험을 본 아이 대부분은 자신의 등수를 보고 황당해하고 당황스러워하며 좌절합니다. 그러나 동시에 이렇게 생각합니다.

'그래, 내가 너무 중학교 때처럼 벼락치기로 공부했지? 다음 시험에서는 진짜 열심히 해서 뭔가 본때를 보여 줘야지!'

아이의 심리 상태를 관찰하라

아이들 대부분이 또 이렇게 생각하고, 1학년 1학기 기말고사는 열심히 준비합니다. 그러나 고등학교 1학년은 상대 평가입니다. 모두들 열심히 했으니, 평균인 학생들의 학습량은 올라갔겠지만 상대 등수는 변하지 않는 것입니다. 우리 반 1번도, 10번도, 20번도, 짝도, 뒤에 앉은 아이도, 대각선의 아이도 모두 다 같이 열심히 했으니까 말이죠.

그러나 이 당연한 상대 평가의 함정을 깨닫기에는 당장 자신의 성적에 머리가 아픈 아이들은 '아, 난 해도 안 되는구나', '나는 공부머리가 없나 봐'라는 성급한 결론을 내리고 학업 의지를 꺾어 버립니다.

그러니 이 시기의 자녀를 둔 부모님들은 아이의 심리 상태가 어떤지 넓은 시야에서 끊임없이 관찰하고, 낙담과 좌절을 겪는다면 그럴 수밖에 없었음을 설명해 주고 이해시켜야 합니다.

1학기 두 번의 시험을 치르며 낙담하지 않고 딱 3개월, 100일만 더 학업을 이어 나간다면, 그다음에 있는 2학기 중간고사에서는 분명 유의미한 변화가 있을 것입니다. 현장에서 고등학생 아이들을 수도 없이 보아 온 저를 비롯한 많은 선생님들이 입을 모아 하는 말이니 믿어도 좋습니다.

저는 이 2학기 중간고사를 '상대 평가의 축복'이라고도 부르는데, 많은 학생들이 1학기 시험 후에 학업 의지를 놓아 버리거나 여름 방학을 보내며 학업 연속성이 떨어지게 되므로 딱 100일만 더 성실할 수 있다면 상대 등수는 급등할 수밖에 없는 것이지요.

공부가 쉬워지는 입시 컨설팅

학업의 위기를 가져오는 시기가 세 번 있습니다. 아이들이 수학에 흥미를 잃고 일찌감치 수포자의 길로 가려는 초등학교 3학년이 첫 시기입니다. 이 시기에 수학의 즐거움을 알려 주고, 수학을 장기적으로 정복할 수 있는 계획을 세워야 합니다. 두 번째는 중학교 1학년 자유학기제를 시작할 때입니다. 진로와 꿈을 찾을 수 있는 기간이지만 시험이 없는 시기라는 이유로 학업에 손을 놓기 십상이지요. 이때도 엄마가 아이와 함께 목표를 설정하고 달성할 수 있도록 해야 합니다. 마지막으로 고등학교 1학년 때입니다. 머리가 큰 아이에게 학업에 대해 이야기하기 어려울 수 있으나, 고등학교 첫 시험에서 자신의 실력을 확실히 알게 된 아이의 마음을 잡아 주고 응원해 주세요.

아이가 부모에게 진로 고민을 털어놓지 않는 이유

학원을 운영하다 보면 아이들과 유대감이 깊어질 수밖에 없습니다. 당연한 일이지요. 요즘 아이들에게 학원은 단순히 일주일에 며칠, 몇 시간을 보내는 장소가 아니라 공부도 하고 상담도 하고 친구도 만나고 스트레스도 푸는 일종의 복합 공간입니다.

자연스레 깊어진 유대감은 상담 시에 잘 드러납니다. 학교에서도, 가정에서도 얘기하지 못했던 고민을 마치 친구와 이야기하듯 학원 선생님에게 털어놓으며 후련함을 맛보는 아이들이 늘어나는 것이지요. 그런데 상담을 하다 보면 저조차도 깜짝깜짝 놀랄 때가 많습니다. 아이들의 고민은 어른들의 상상을 뛰어넘습니다. 특히나 사춘기가 왔거나 이미 지나간 머리 굵은 아이들은 부모님의 생각보다 훨씬 더 성장해 있습니다.

부모님들은 늘 우리 아이가 아직 어려서 세상 물정을 모른다고 말하지만, 실제 제가 현장에서 바라보는 아이들은 무척이나 다릅니다. 중고등학생들은 결코 어른들의 생각처럼 어리지 않습니다. 딱 그 나이대의 아이들이 하는 풋풋한 고민, 예를 들어 첫사랑이나 교우 관계에 대한 고민도 물론 하지요. 하지만 그보다 더 심도 있는 고민도 많습니다.

예를 들면 '나는 앞으로 무엇을 하고 살 것인가, 내가 원하는 미래를 손에 넣기 위해서 어떤 길을 택하는 것이 가장 효율적일까?' 등의 고민입니다. 아이들은 자신의 장래를 위해 고민하며 잠을 설치고, 쉬는 시간마다 친구들과 그 방법에 대해 논의하느라 시간 가는 줄 모르지요. 하지만 왜 부모님들은 이렇게 치열하게 고민하는 아이들을 두고 "선생님, 우리 애는 아무 생각이 없어요. 맨날 그놈의 게임만 잡고 있고… 어휴" 하며 한숨을 쉴까요?

부모와 대화하기를 어려워하는 아이들

정답은 간단합니다. 아이들이 부모님 앞에선 어떤 고민도 털어놓지 않기 때문이지요. 겨우 저와 몇 달을 본 것이 전부인 아이들도 먼저 상담을 요청하며 학교 선택의 문제부터 자신의 30대, 40대, 심지어 은퇴 후를 고민하고 함께 이야기하고 싶어 합니다. 하지만 "부모님은 네 생각을 알고 계시니?"라는 제 말에 돌아오는 대답은 대개 "부모님은 제가 이런 생각하는 줄 꿈에도 모를걸요"입니다.

그렇다고 이 아이들이 자신의 고민과 생각을 부모님께 알리고 싶어 하지 않는 것은 아닙니다. 저는 학원 아이들과 상담을 시작하거나 마칠 때 언제나 "오늘 우리가 한 이야기 중에 혹시 부모님께 전달되지 않았으면 하는 건 말해 줘. 그건 우리만의 비밀로 할 테니까…"라고 물어보지만 아이들은 "괜찮아요, 다 말씀하셔도 돼요"라며 은근히 저에게 부모님과 자신의 소통 창구가 되어 주길 바라는 경우가 많습니다. 결국 아이들은 저와 상담을 하고 있지만, 부모님께 자신의 마음을 전달해 달라는 의미로 좀 더 진솔하게 자신의 생각을 풀어내며 제 뒤에 있는 부모님과 대화를 나누는 것이지요.

그렇다면 왜 학생들은 굳이 번거롭게 학원 선생을 가운데 두고 부모님과 대화를 하려는 것일까요? 학원을 마치고 돌아가는 차 안에서나 식사를 하는 테이블에서, 혹은 소파에 앉아 편하게 할 수도 있는 이야기인데 말입니다. 제 편협한 생각일지 모르겠으나, 이 아이들이 입을 닫는 건 모두 어른들의 책임이라 생각합니다.

아이들이 부모님과 말이 통하지 않는다며 상담의 대상으로 부모님을 배제하게 된 이유는 어쩌면 "그러니까 공부해!"라는 늘 결론이

똑같은 어른들의 대답 때문이 아닐까요?

요즘 아이들이 맞닥뜨리는 입시는 부모 세대와는 전혀 다르다는 사실을 모르는 부모들은 "공부만 하면 다 해결되는 거 아니에요?"라며 반문합니다. 큰 틀에서 본다면야 틀린 말은 아니지만, 이런 말은 누구나 할 수 있고 또 누구도 원하지 않는 조언일 것입니다.

학생 개개인의 상황을 들여다보지도 않은 채 그저 "공부나 열심히 해! 성적만 오르면 다 해결돼!"라는 말은 취업난으로 힘든 20대, 사회생활의 어려움을 맛본 30대, 노후에 대한 걱정과 부모님을 부양해야 하고, 자식 걱정에 밤잠을 설치는 40대, 은퇴에 대한 걱정이 코앞으로 다가온 50대에게 각자의 사정은 들여다보지도 않고, "열심히 살면 다 해결돼! 노력을 하란 말이야!"라고 다그치는 것과 다를 바가 없습니다. 고작 이런 이야기를 듣기 위해 자신의 내밀한 고민을 털어놓을 사람이 있을까요?

아이들도 마찬가지입니다. 가뜩이나 감수성 풍부한 10대, 사춘기를 험난하게 헤쳐 나가고 있는 중고등학교 학생들이 털어놓는 진로와 미래에 대한 진지한 고민을 두고 "공부나 해!"라고 얘기하는 것은 폭력의 다른 형태라고밖에 말할 수 없습니다.

큰 용기를 내어 자신의 고민거리를 털어놓은 아이들이 이런 이야기를 반복해서 들으면 결국 입을 닫고야 맙니다. 포기를 학습하는 것이지요. '우리 엄마랑은 말이 안 통해'의 연장선입니다.

하지만 부모라고 어디 이런 이야기만 하고 싶을까요? 저는 학생뿐 아니라 학부모 상담도 상당히 많이 하는 편인데, 학부모님들의 이야기를 듣다 보면 안타까움에 저도 모르게 한숨을 쉴 때가 많습니다. 부모 역시 방에 들어가서 공부나 하라는 틀에 박힌 조언을 하고 싶지는 않습니다. 하지만 다른 조언을 해 주자니 아는 것이 없습니다.

입시 제도가 너무 빨리 변했고 너무 많이 변했기 때문이지요. 중고등학생 자녀를 둔 학부모라면 이게 어떤 의미인지 잘 알 것입니다. 예를 들어, 요즘 고등학교에서는 문과, 이과라는 구분을 사용하지 않는다는 것을 아시나요? 2003년생부터는 수능에서 문과 수학과 이과 수학을 구분하지 않고 등수를 함께 매깁니다.

바뀐 입시 제도를 알아야 아이가 이해된다

요즘 고등학생들은 마치 대학생처럼 자신의 진로와 적성에 맞는 과목을 선택하여 자신만의 시간표를 만들어 수업을 듣고 있으며, 자신의 학교에 개설이 안 된 수업을 듣고 싶을 때는 다른 학교에 가서 수업을 듣기도 합니다. 아이들은 '경제 수학'과 '미적분' 중 어떤 과목을 들어야 할지, '법과 정치'와 '윤리와 사상' 중 어떤 과목이 자신의 진로에 도움이 될지 머리를 싸매며 고민하지요.

당장 2025년부터는 외고(외국어 고등학교)와 국제고가 폐지되어 일반 고등학교로 바뀔 것이라는 발표가 있는데 그럼에도 '외고'를 목표로 공부해야 할지 말지 한숨을 쉬고, 육군사관학교와 해군사관학교, 공군사관학교의 자체 시험이 모두 같은 날 치러지는 바람에 셋 중 어디에 원서를 넣을지 눈치 싸움을 하며, 서울대학교가 정시에서도 내신 반영을 한다는 소식에 눈앞이 깜깜해지는 것이 지금의 10대 청소년들입니다.

이런 내용을 알고 고민하는 아이에게 조언해 줄 수 있는 부모가 얼마나 될까요? 심지어 사교육 최전선에서 일하고 있는 강사들도 바뀐 교육 과정에 무지한 경우가 많은데, 이런 변화의 흐름을 학부모가 알기란 쉽지 않겠지요.

많은 부모들은 천지개벽할 만큼 바뀐 입시 상황을 모르는 바람에 아이들이 털어놓는 고민에 제대로 답변을 주지 못하고 공부나 하라며 윽박을 지르면서 아이와 관계를 최악으로 만듭니다. 이보다 더 심한 사람은 "저는 그런 거 잘 몰라요"라고 말하며 모르는 것을 오히려 자랑으로 여기는 부모이지요. 그중에는 이를 부끄러워하고 만약 정보를 준다면 잘 듣고 배우겠노라 눈을 빛내는 사람도 분명 있지만, '나는 유난 떠는 다른 부모들이랑은 달라!'라는 생각을 가진 부모님도 많이 있습니다. 내 자식을 위해 입시를 알아보겠다며 여러 강의를 들으러 다니는 부모님을 두고 '치맛바람'이라며 손가락질을 하는 경우도 바로 이런 것이지요. 무지는 자랑이 아닙니다. 오히려 슬픈 일이지요.

물론 인기리에 방영되었던 드라마 〈스카이캐슬〉의 유별난 엄마들을 본보기로 삼으란 뜻은 절대로 아닙니다. 다시 한번 말하지만 부모가 입시 전문가가 될 필요는 전혀 없습니다. 하지만 10대 아이들이 가진 현실적인 고민을 함께 생각하고 머리를 맞대 의논할 수 있는 자세를 갖추기 위해서는 적어도 바뀐 입시 제도의 흐름 정도는 알아야 하지 않겠느냐는 것이 제 변함없는 생각입니다.

입시는 아이와 대화를 나눌 열쇠

"엄마, 저는 화학 공학과가 가고 싶은데요. 화학 2는 너무 어려울 것 같아서 선택을 해야 할지 말아야 할지 모르겠어요. 학교에서는 수시를 준비할 거면 화학 2를 이수하는 게 유리하다던데…"라는 아이의 고민을 두고 "화학 2는 진로 선택 과목이라 등급이 안 나오잖아? 그럼 부담이 좀 적지 않을까?"처럼 전문적인 조언을 해 줄 수 있을 만큼의 입시 지식을 쌓으라는 이야기가 아닙니다.

다만 당장 내년에 학교에서 배울 과목 선택 때문에 골머리를 썩고 있는 아이 앞에서 "수시가 뭐야?"라는 말을 하는 부모는 되지 않아야 하지 않을까요? 처음에야 입시에 무지한 부모를 두고 그저 허탈하게 웃거나 깔깔거리며 설명을 해 주던 자식이더라도 "난 그런 거 몰라" 하는 부모님의 대답이 반복되면 곧 입시에 대한 조언을 구할 생각을 단념하고 말겠지요.

문제는 10대 아이들이 입시에 대한 이야기를 부모와 더 이상 나누지 않는 것은 곧 진로와 미래에 대한 고민과 걱정을 부모에게 털어놓지 않음으로 이어진다는 것입니다. 바뀐 교육 과정상 우리 아이들에게 입시는 단순히 대학교를 가느냐 마느냐의 문제가 아닙니다. 바뀐 개정 교육 체제에서 아이들에게 입시 문제란 곧 진로를 결정하고 미래를 설계하는 일, 그 자체이지요. 그럼에도 "저는 입시를 몰라요. 치맛바람 펄럭이고 다니는 걸 좋아하지 않거든요"라고 자랑스레 말할 수 있는 부모님이 계신가요?

공부가 쉬워지는 입시 컨설팅

아이들이 부모님보다 학원 선생님에게 고민을 털어놓는 이유는 교육 과정과 입시 제도, 성적을 '좀 아는 어른'이기 때문일 것입니다. 아이와 '말이 통하려면' 가장 우선되어야 할 것이 성적, 진로에 관한 대화가 아닐까요? 공부하는 아이의 상황을 이해하고 그 마음을 헤아려 줄 수 있다면, 아이는 한결 더 가벼운 마음으로 공부를 쉽게 여길 것입니다.

사라지는 1등급을 아시나요?

내신 시험에서 동점자가 1등급 기준인 4퍼센트를 초과하면, 해당 점수대의 아이들은 모두 1등급을 받는 것이 아니라, 2등급을 받게 됩니다. 계산을 통해 알아봅시다.

예를 들어, 한 학년에 300명의 학생이 있는 학교라면 1등급은 4퍼센트, 즉 12등까지입니다. 그런데 만약 국어 시험에서 100점을 받은 학생이 7명이고, 5점짜리 문제를 1개 틀려 95점을 받은 학생이 13명이었다고 해 봅시다. 95점을 받은 학생은 모두 전교 8등이 됩니다. 하지만 전교 8등임에도 1등급이 아니라, 2등급입니다. 동점자 기준에 따른 석차 계산법이 따로 있기 때문이지요.

[동점자 기준 석차 계산법]

$$\text{등수} + \frac{\text{동점자 인원수} - 1}{2} = \text{산출 등수}$$

위 식에 대입을 해 보면 다음과 같습니다.

$$\text{8등} + \frac{\text{동점자 13명} - \text{1명}}{2} = \text{14등}, \quad \frac{\text{14등}}{\text{300명}} \text{X100} = \text{4.6피센트}$$

1등급 기준인 4퍼센트를 초과했기 때문에, 1등급을 받은 학생은 100점을 받은 7명뿐이며, 95점을 받은 학생은 모두 2등급이 되는 것입니다.

학교 선생님들이 상위권 변별력을 갖추기 위해 킬러 문제를 4~5문제씩 내려는 이유가 바로 이 때문입니다. 킬러 문제도 1~2문제만으로는 상위권 학생들의 등수를 나누기 어렵습니다.

2장

"입시, 제대로 알아야 아이 공부가 보인다"

입시 팩트 체크

중등 때는 상위권,
고등 때는 하위권?

중학교 때 이미 고등학교 2학년 수학 문제를 푼다던 시댁 큰조카, 초등학교 때부터 영어 말하기 대회를 휩쓸었다고 동네에서 유명하던 옆 동 아이, 이번 시험에서는 평균이 95점이네, 96점이네 하며 콧대를 세우던 수영 교실 언니네 아들까지….

초등학교와 중학교 때는 영재다, 수재다 하던 선배 맘들의 자녀들이 앞다투어 조용해지는 시기가 있습니다. 바로 고등학교 때지요. 이쯤 되면 의문이 듭니다. 대체 중학교 때까지만 해도 그렇게 공부 잘하던 아이들이 과장 조금 보태면 하늘의 별처럼 많았는데, 왜 고등학교만 가면 대다수가 죽는소리를 내는 것일까요?

산술적으로 따져 봐도 중학교 숫자나 고등학교 숫자가 엇비슷한 걸 보면, 중학교 때 우등생 숫자나 고등학교 때 우등생 숫자는 비슷해야 하는데 말이지요. 아무리 생각해 봐도 고등학교를 가서도 "우리 애는 괜찮아"라고 말하는 선배 맘들은 손가락에 꼽을 정도이니, 대체 그 많던 중학교 수재들은 다 어디로 갔나 싶습니다.

객관적 지표로 바라본 수재의 진실

이런 의문은 고등학생들을 주로 대하는 강사들이라면 어렵지 않게 답을 낼 것이라 생각합니다. 사실 답은 간단하지요. 그 많던 '수재'들이 진짜 '수재'가 아니었던 것뿐입니다. 당연한 이치 아닐까요?

수재가 왜 수재인가요? 특별하게 빼어나니 수재인 것인데, 아파트 한 동마다 수재가 있고, 집안마다 있으며, 온갖 모임에도 꼭 한 명 이상은 있다면 그게 어떻게 빼어나게 특별한 아이일까요?

결국 이 땅의 수많은 부모님들이 그동안 착각 속에 살고 있었다는 것이 고등부 전문 강사들의 결론입니다. 물론 이런 착각을 하게 된 것은 부모의 탓이 아닙니다. 그저, 고등학교에 입학하기 전까지는 아이를 '객관적으로' 바라볼 수 있을 만한 지표가 너무나도 부족했을 뿐입니다. 그러니 아이가 무언가에 관심을 보이고 흥미를 느끼며 작은 성취라도 얻어 오면, '어? 우리 아이가 이런 분야에 혹시 영재성이 있는 것 아닐까?'라고 생각하는 것이지요.

다시 말하면 내 자녀에 대한 애정 어린 콩깍지를 벗겨 줄 객관적이고 공신력 있는 시험이 점차 사라지는 추세이기 때문에 중학교 때까지는 동네마다, 이웃마다 수없이 많은 '엄마표 수재'들이 즐비할 수밖에 없었던 것이지요.

초등학생 자녀를 둔 어머님들은 이런 이야기를 들으면, "그래도 중학교는 시험이 있으니까 괜찮지 않나요?"라고 되묻기도 합니다. 요즘 초등학생들은 아예 시험이 없고 예전의 쪽지 시험 정도로 가벼운 (그 어디에도 기록되지 않는) 단원 평가 정도만 보기 때문에 초등 자녀를 둔 학부모들은 중학교 시험에 굉장히 의미를 부여하는 경우가 잦습니다. 하지만 과연 그럴까요?

평가 제도를 알아야 아이 수준을 안다

중학교 시험은 줄을 세우는, 즉 등수를 중요시하는 시험이 아닙니다. 중학교 시험의 목표 역시 초등학교와 마찬가지로 '배운 내용을 잘 학습하고 있는가?' 정도에 그칩니다. 그러니 중학교 시험은 본질적으로 초등학교의 단원 평가와 그 성격이 별로 다르지 않다는 뜻이기도 합니다.

그 증거로 중학교 시험은 전 과목 절대 평가이며, 등수를 내지 않습니다. 간혹 아이들이 전교 몇 등이라며 말하기도 하지만, 이건 어디까지나 비공식적인 기록일 뿐이며 사실상 어느 정도 점수대부터는 '누가 실수하지 않았는지'를 확인하는 것뿐이기 때문에 그다지 중요한 의미를 가진다고 말하기 힘들지요.

몇몇 매우 희귀한 사례의 학교를 제외하고는, 시험의 난이도 자체가 상위권 아이들의 변별력을 가릴 수 없는 것이 현재 대부분의 중학교 시험이기 때문에 평균 90점 이상인 아이들은 수도 없이 많습니다.

우리나라 제1의 교육 특구인 대치동 인근에 있는 D중학교의 실제 시험 성취도별 분포 비율을 보면, 90점 이상의 점수를 받아 온 아이를 결코 '우등생'으로 볼 수 없다는 사실을 알 수 있습니다. 수학 과목을 보면, 전체 학생의 무려 70퍼센트 이상이 90점 이상으로 A등급을 받은 상황입니다. 물론 평범한 지역의 평범한 중학교로 간다면 이 비율은 달라집니다.

	성취도별 분포 비율(퍼센트)				
	A (90점 이상)	B (80점 이상)	C (70점 이상)	D (60점 이상)	E (60점 미만)
국어	55.4	25.8	8.3	5.4	5.1
영어	49.7	21.0	11.1	6.4	11.8
수학	73.6	11.1	7.0	1.3	7.0

강남 D중학교 주요 과목 성취도별 분포 비율

	성취도별 분포 비율(퍼센트)				
	A (90점 이상)	B (80점 이상)	C (70점 이상)	D (60점 이상)	E (60점 미만)
국어	24.0	25.6	17.8	14.3	18.2
영어	45.7	12.4	12.0	5.4	24.4
수학	30.6	16.7	11.2	8.5	32.9

경기도 A중학교 주요 과목 성취도별 분포 비율

위의 표는 지극히 평균적인 수준의 중학교의 상황을 보여 줍니다. 일반적인 중학교에서 주요 과목의 A등급 비율은 30퍼센트 전후인데, 주목해야 할 점은 대치동 등의 교육 특구와는 달리 E등급(60점 미만)을 받는 아이들도 상당수 있다는 것입니다. 중학교 때 E등급을 받은 아이들은 대부분 공부에 흥미를 느끼지 못한 학생들인데, 이 학생들의 숫자가 꽤 많기 때문에 A등급을 받은 아이들 입장에서는 상대적인 비교를 통해 '스스로 우수하다고' 착각하는 일이 벌어지지요.

문제는 이런 착각을 하고 고등학교에 입학했을 때입니다. 중학교 때 공부에 흥미를 느끼지 못했던 E등급 학생들 상당수가 특성화 고등학교로 진학을 합니다. 아이들이 인지하지 못한 사이에 하위권이 비어 버리는 것이지요. 그러니 누군가는 비어 버린 하위권 자리를 메워야만 하는데, 문제는 중학교 시험과 고등학교 시험은 그 결이 매우 달라서 중학교 때 A등급을 받던 아이라 하더라도 고등학교 진학 후 하위권으로 추락하는 일이 심심찮게 발생합니다. 고등학교 성적을 진짜 성적으로 간주하고, 이를 대비해야겠습니다.

공부가 쉬워지는 입시 컨설팅

중학교 시험은 전 과목 절대 평가로, 90점이 넘으면 모두 A, 80점이 넘으면 모두 B를 받습니다. 따라서 선생님들은 어려운 킬러 문제를 시험에 내서 상위권 아이들을 '줄 세울' 필요가 없다는 뜻이지요. 때문에 중학교 시험은 점점 쉬워지는 추세이고 A를 받았다고 해도 모두 우수할 것이라 생각해서는 안 됩니다.

A를 받은 학생이 30퍼센트일 때, 90점을 받은 아이는 고등학교 방식으로 성적을 산출한다면 4등급입니다. 결코 '우수'하다고 볼 수는 없는 성적이죠?

심화를 놓치는 잘못된 선행

"안녕하세요, 수학 학원이죠?"

"네. 어떻게 전화 주셨나요?"

"상담을 좀 하고 싶어서요. 지금 중학교 2학년인데 고등학교 1학년 수학은 다 뗐거든요. 혹시 들어갈 수 있는 반이 있을까요?"

입시 학원을 운영하다 보면, 정말이지 숨 쉬는 것처럼 자주 받는 상담 전화의 내용입니다. 6개월 선행은 선행이 아니라 '현행'처럼 취급되며, 1년 정도 선행은 발에 치일 만큼 많습니다. 교육열이 높은 지역이 아니라 하더라도 2~3년 선행 역시 심심치 않게 볼 수 있는 것이 요즘의 트렌드라고 할까요?

선행 학습은 알맞은 단계를 거쳐야 한다

선행 학습은 더 이상 우수한 학생들만의 전유물이 아닙니다. 중학교 때 고등학교 1학년 정도까지 선행하는 것은 너무나도 평균적인 선행이라 어디 나가 자랑할 만한 것도 아니고, 좀 빠른 아이는 고등학교 2학년 과정까지 모두 끝낸 경우도 많습니다. 하지만 이런 빠른 선행 학습이 유행을 넘어 기본으로 자리를 잡으면서 폐해도 만만치 않습니다.

하지만 저는 선행 학습 무용론을 펼치려는 것이 아닙니다. 사실 현실적으로 선행 학습이 필요하고, 또 도움이 되는 아이들도 많기 때문에 올바른 방법으로 적절하게 준비된 선행은 학생의 학업 능률을 올리고 의욕을 고취시키는 데 도움을 주지요. 하지만 문제는 올바른 방법으로 적절하게 준비된 선행을 하는 학생이 생각보다 많지 않다는 것입니다. 선행 학습이 제대로 효과를 거두기 위해서는 다음과 같은 네 가지 단계를 거쳐야 합니다.

먼저, 현행 학습을 배우고 충분히 익혀 체화하는 과정을 거친 뒤

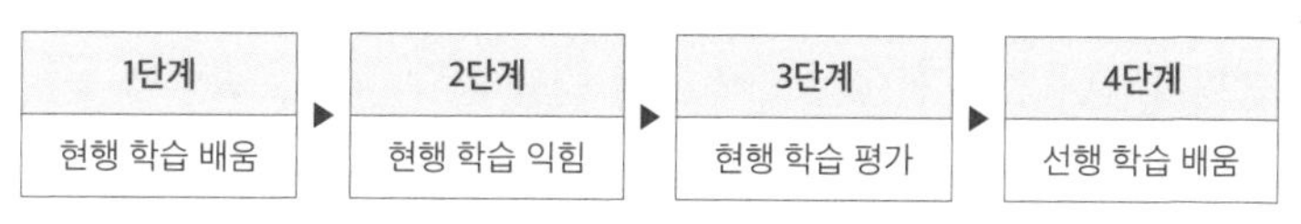

올바른 선행 학습의 단계

학생의 성취도를 평가하고, 평가 결과 추가 학습이 필요치 않다면 다음 단계로 넘어가는 것입니다. 너무나도 당연한 과정이지만, 이런 일련의 과정을 거치면서 선행 학습을 하는 학생은 열에 둘, 셋도 되지 않습니다.

선행 학습이 유행처럼 번지면서 안 하는 것이 오히려 이상한 상황이 되어 버린 현재, 전국의 수많은 학원가에서는 1단계인 현행 학습을 배우는 과정 이후, 익히고 평가하는 과정을 생략한 채 곧바로 4단계인 선행 학습으로 넘어가는 것이 보통입니다.

물론 학습에 대한 센스가 있고 머리가 좋은 아이들은 따로 연습하고 체득하는 과정이 없다 하더라도 다음 선행 학습 내용을 이해하는데 별 무리가 없지만, 이런 아이는 극소수이며 대다수의 아이들은 교재 표지에 적힌 학년은 올라가는데 정작 아는 것은 무(無)에 가까운 상황이 벌어지지요.

얼마 전의 일이었습니다. 중학교 3학년이 되는 아이가 상담을 왔는데, 전형적으로 잘못된 선행 학습을 해 온 아이였지요. 아이는 고등학교 1학년 2학기 과정을 중간 정도 했다고 했으니, 약 3학기 정도 선행을 한 참이었습니다. 하지만 학교 성적은 좋지 못했는데, 아이와 어머니는 모두 아는 문제인데 실수를 했다고 말했지요. 어쩐지 찝찝한 느낌이 들어 어떤 문제집을 사용했느냐는 말에 학부모의 답변은 이러했습니다.

"○○출판사에서 나온 ○○문제집을 썼어요."

"아, 네. 다른 문제집은 어떤 걸 사용하셨나요?"

"다른 건 쓰지 않은 것 같은데… 아, 가끔 프린트로 문제를 더 풀기는 했어요."

"그래요? 혹시 테스트는 보시고 다음 학기로 넘어가신 건가요?"

"글쎄요. 얘, 테스트 봤니?"

"아뇨. 그냥 다음 진도 바로 나갔는데요."

아이가 사용했다는 문제집은 이론서도 아니고 '연산서'였습니다. 연산서는 말 그대로 새로 나온 공식이나 개념을 연습하기 위한 기초 문제들을 수록해 놓은 문제집으로, 이론은 거의 없다시피 하며, 고난도 문제는커녕 실제 시험에 나오는 중간 단계의 문제조차 연습할 수 없습니다. 말 그대로 연산을 익히기 위한 것이니까요.

하지만 아이는 고작 연산서 한 권을 풀었음에도 각 학기 선행을 나갔다고 착각하고 있었습니다. 제 예상대로라면 고등학교 1학년 2학기 과정이 아니라, 중학교 3학년 1학기, 그러니까 현행도 무너져 있을 확률이 매우 높았지요.

설득 끝에 인근 중학교의 내신 기출 문제로 테스트를 했고, 안타깝게도 결과는 처참했습니다. 아이는 인수 분해조차 제대로 되지 않는 상태였으며, 방정식이나 함수는 마치 처음 보는 내용처럼 행동했지요. 학부모님은 당황스러움에 얼굴을 붉히며, "중학교 3학년 내용은 배운 지가 좀 돼서 잊어버렸나 봐요. 어머, 벌써 시간이 이렇게… 선생님, 연락 드릴게요"라는 말과 함께 황급히 자리를 떴습니다.

잘못된 선행으로 가는 지름길

배운 지가 오래되어 기억이 나지 않아서 그렇다는 말은 잘못된 선행을 해 온 학생이나 학부모가 단골로 써먹는 대표적인 변명입니다. 제대로 선행을 했다면 기억이 나지 않는다는 말이 얼마나 말도 안 되는 것인지 알 것입니다. 우리나라 교육 과정은 범위가 누적되는 것을 기본으로 합니다.

이차 함수를 배울 때는 선수 학습 내용인 일차 함수와 일차 방정식을 당연히 알고 있다는 가정하에 문제가 나오고, 입체 도형을 배울 때는 평면 도형을 완전하게 이해하고 있다는 가정하에 내용을 서술합니다. 즉, 제대로 선행을 하고 있다면 앞선 학기 내용을 잊어버리고 싶어도 잊어버릴 수가 없는 것이지요. 왜일까요? 문제를 제대로 풀기 위해선 계속해서 이전 학기 내용을 알고 있어야만 합니다.

따라서 '배운 지가 오래되어 잊어버렸다'라는 말은 '사실 지금 나가고 있는 수업은 선생님이 문제 푸는 걸 구경하고 있는 것뿐이다'라는 말과 일맥상통한다는 점을 깨달아야 합니다.

잘못된 선행의 폐해는 단순히 시간 낭비, 돈 낭비에 그치는 것만이 아닙니다. 훗날 자녀가 기대했던 결과에 미치지 못하는 성적을 받았을 때, 그동안 해 온 과정을 돌아보고 수정할 점을 찾는 것이 아닌, 해괴한 결론을 도출하는 모습을 심심치 않게 볼 수 있습니다. 제가 '해괴하다'고 말한 것은 결코 지나친 것이 아닙니다. 자사고를 준비했지만, 필기시험에서 아쉽게 떨어졌다던 한 어머님의 말씀은 아직도 헛웃음을 짓게 합니다.

"아니, 선생님. 우리 애는 미적분까지만 선행을 했거든요. 그런데 그 학교 필기시험에 기하 문제가 나온 게 아니겠어요? 여름 방학 때 특강을 들었으면 붙는 거였는데! 제가 그 생각만 하면 애한테 미안해 죽겠다니까요."

어떤 고등학교 입학 시험에도 선행 학습 내용이 나오지는 않습니다. 당연히 '기하'가 출제되었던 그 학교 시험 문제 역시 고등학교 기하가 아니라 중학교 2학년 과정의 도형 변형 문제일 뿐이었지요. 그러니 그 학생은 '선행'을 안 해서 떨어진 것이 아니라, '심화'가 부족해서 떨어진 것이었으니 억울할 이유가 없었던 셈입니다.

이 사례는 매우 특이한 사례 같아 보이지만, 주변에 이와 맥락이 같은 이야기를 하는 학부모들이 수도 없이 많습니다. 초등학교 때 교과 선행을 안 하고 사고력만 했더니 중학교 시험을 어려워한다고 말하거나, 아이가 고등학교에 가서 내신이 잘 안 나오는 이유는 선행 학습을 6개월밖에 안 해서 그런 것이니 학원에서 진도를 얼른얼른 빼라고 조언을 하는 식이지요.

문제의 본질인 '현행 학습의 부족함'을 인정하지 않고, 오히려 '선행을 덜 해서 그런 것'이라 결론을 내리면 잘못을 고칠 기회조차도 얻지 못한 채 입시는 안개 속에서 끝이 날지도 모릅니다.

공부가 쉬워지는 입시 컨설팅

잘못된 선행으로 가는 여섯 가지 지름길이 있습니다. 다음의 항목을 점검해 보고 하나라도 해당한다면, 선행이 아니라 현재 하고 있는 과정에 충실하도록 지도하세요.

- □ 아이가 명확한 이유 없이 건너뛰는 학기나 단원이 있다.
- □ 아이가 학습 내용을 익힐 수 있는 충분한 시간이나 추가 교재가 없다.
- □ 아이가 배운 내용을 잘 이해하고 있는지 테스트 할 기회가 없다.
- □ 아이가 배우는 학기가 올라갈수록 사용하는 교재 난이도가 쉬워진다.
- □ 아이가 배우는 학기가 올라갈수록 교재를 푸는 시간이 급격히 늘어난다.
- □ 아이가 선행을 하고 있는데도 현행에 어려움을 느낀다.

등급제를 모르면 아이 성적을 오해할 수 있다

고등학교 1학년이 된 자영이의 이야기입니다. 자영이는 내신 시험이 어렵기로 동네에서 소문이 자자한 고등학교를 가게 된 터라 겨울 방학부터 심화 학습을 거듭하며 누구보다 열심히 공부했다고 자부하는 학생이었지요. 5월에 있던 1학기 첫 중간고사 시험까지 수도 없이 많은 문제집을 풀었고, 학교 수업을 마친 뒤에는 학원이며 독서실을 다니며 공부에 매진하느라 부모님과 오붓하게 저녁 식사를 한 적도 손에 꼽을 정도였습니다.

중학교 때와는 시험이 너무도 달라져 서술형 문제도 많아진 데다가 쏟아지는 수행 평가에 허덕였습니다. 그 와중에 시험 범위는 넓고 어려웠지요. "중학교 시험은 애들 장난이었네"라며 친구들과 자조적인 웃음을 지으며 나름대로 고등학교 생활에 적응하고 있는 중이었지요. 다행히 결과가 좋았습니다. 자영이가 주요 과목에서 1등급을 받은 것입니다. 300명 중에 겨우 4퍼센트, 12명만 가능한 1등급이지요. 자신의 반 서른 명 중에 수학 1등급을 받은 사람은 자신 한 명뿐이라는 사실에 '그동안의 노력이 헛되지 않았구나' 하는 뿌듯한 마음으로 그날은 공부를 쉬고 가족들과 함께 저녁을 먹었지요.

등급제를 몰라 생기는 아이와의 갈등

동네 아줌마들과 대화를 하며 고등학교 1등급이 얼마나 어려운 일인지 누누이 들어 왔던 자영이 엄마는 눈에 넣어도 아프지 않을 내 딸이 그 어려운 수학에서 1등급을 받았다는 사실에 감격해 이미 과외 선생님께 전화를 걸어 거듭 감사 인사도 마친 참이었습니다. 소문이 벌써 난 것인지 같은 아파트에 사는 또래 엄마들 몇몇에게 전화가 와서 그 과외 선생님 좀 소개시켜 달래서 어깨에 힘도 좀 들어갔지요. 하지만 그 즐거움은 얼마 가지 못했습니다.

"뭐? 87점? 90점이 안 돼? 지금 그걸 자랑이라고 하는 거야?"

"아니, 아빠. 그러니까 고등학교는 등급이 중요한 거라니까! 87점이라도 1등급이야!"

"너희 학교 애들 다 바보 아냐? 얼마나 애들이 멍청하면 87점인데 1등급이래? 아니, 그리고 당신! 애 교육을 어떻게 시켰기에 중학교 때는 매번 100점 받던 애가 80점을 받아 와! 그 과외 당장 때려치우고 다른 선생 알아봐!"

"아, 진짜! 아빤 아무것도 모르면서! 나 밥 안 먹어!"

자영이네 이야기는 고등학교 1학년 1학기, 첫 시험이 끝난 직후에 지금도 숱하게 많은 가정에서 벌어지고 있는 일입니다. 상위권이 아닌 중위권 성적의 아이 집으로 가면 이 대화는 더욱 살벌해지지요. 고등학교 수학 시험은 학교 평균이 심심치 않게 50점대, 그 이하가 나오는 경우도 많습니다.

그러니 중학교 때 평균 정도 하던 아이라면 고등학교에서도 평균 정도 하는 것이 당연합니다. 하지만 똑같이 평균 정도 한다고 했을 때, 그래도 중학교 때는 80점이었던 우리 아이 점수가 고등학교에서는 50점이라는 상황을 인정하고 싶지 않은 부모님이 많습니다.

이미 2008년부터 내신과 수능에서 등급제가 시행되었지만 많은 부모, 특히 엄마에게 교육을 맡겨 놓은 아빠들에게 9등급으로 평가되는 등급제는 여전히 생소하고, 이는 곧 아이와 싸움으로 이어집니다.

자영이네 아빠가 화가 난 지점은 명확합니다. 원 점수가 기대치에 미치지 못했다는 이유이지요. 이는 상대 평가와 절대 평가의 차이에 익숙하지 않은, 그러니까 학력고사 세대 및 수능 초기 세대에서 흔히 발생하는 일입니다.

학력고사 세대는 모르는 요즘 성적 제도

중학교 때 중상위권을 유지했던 아이가 있습니다. 30명 중에서 1~2등은 못하지만 그래도 7~8등 정도는 꾸준하게 했던 아이지요. 다행히 고등학교에 와서도 반에서 7~8등은 유지했습니다. 하지만 등급은 4등급입니다.

9등급 등급제에 익숙하지 않은 많은 부모들은 흔히들 1~2등급은 중학교 90점 이상의 상위권, 3등급은 그래도 한 80점 이상 정도 되는 아이들, 4등급 이하는 평균보다 못하다고 여기는 경우가 많습니다. 등급제의 퍼센트를 정확하게 외우고 다니는 학부모는 극도로 적기 때문에 머릿속의 관념적이고 추상적인 이미지를 따라가는 것이지요.

하지만 한 학년에 300명인 학교에서 3등급은 23퍼센트까지, 즉 전교 69등 안에 들어야 겨우 3등급에 안착한다는 뜻입니다. 상위 24퍼센트의 아이는 분명 퍼센트로 본다면 중상위권은 충분히 되어 보이지만 등급은 겨우 4등급에 그치는 것이 등급제의 본질입니다.

그리고 한 가지 더, 9등급 등급제의 비율은 각 11퍼센트가 아닙니다. 상담을 하다 보면 많은 학부모들이 각 등급의 비율이 모두 동일할 것이라는 착각을 하고 있습니다. 그러니 1등급을 약 11퍼센트로 생각하고, 그래도 300명 중에 한 20~30명 정도는 1등급을 받지 않을까 생각하는 것이지요. 하지만 등급제는 표준정규분포곡선 모양을 따르기 때문에 양극단으로 갈수록 비율이 적어지고, 가운데가 가장 비율이 넓습니다. 따라서 양극단인 1등급과 9등급은 각각 상위 4퍼센트와 하위 4퍼센트에 불과하며, 가운데인 5등급은 전체의 20퍼센트를 차지하지요.

많은 학교의 한 학년 학생 수가 200명 전후라는 점을 생각하면 등수 싸움은 더욱 치열해진다는 사실을 알 수 있습니다. 상대 평가와 절대 평가의 차이 때문에 학교에서는 어쩔 수 없이 전교생의 성적 줄 세우기를 해야 하지요.

만약 시험을 쉽게 내서 100점을 받은 학생이 전체의 4퍼센트를 초과하면, 100점을 받은 아이들이 모두 1등급을 받는 것이 아니라 그냥 1등급이 사라져 버립니다. 그렇기 때문에 학교에서는 상위권 변별력을 나누기 위해 애를 쓸 수밖에 없습니다. 고등학교 시험이 어려워지는 이유이지요.

학교에서는 100점이 한 명도 나오지 않아도 아무 문제가 없기 때문에 아예 100점을 만들지 않기 위해 킬러 문제를 '때려 넣는' 경우도 쉽게 찾을 수 있고, 학교 평균 점수가 50점 전후에 그치고 마는 것도 그다지 특이한 일은 아닙니다.

하지만 이런 사실을 전혀 모르고 있던 부모라면 그래도 중학교 때는 평균은 하던 우리 아이가 고등학교에서 50점을 받아 왔다는 사실에 속상해하고 분통을 터뜨리게 되는 것이지요. 사실 50점도 지극히 평균적인 점수인데 말입니다.

부모의 무지가 아이를 동굴 속에 들어가게 만든다

상대 평가에 익숙하지 않은, 그러니까 수우미양가 혹은 ABCDE와 같이 절대 평가 내신 점수에 익숙한 학부모에게 3등급, 67점인 아이의 성적에서 눈에 불이 튀는 건 67점이라는 '원 점수'인 것입니다.

바뀐 입시에 무지한 어른의 눈에는 전교 50등인 3등급은 보이지 않고 67점인 원 점수만 보이니, 그래도 80점은 되어야 되지 않느냐며 아이를 타박하기 바쁩니다. 그러니 아이와 감정의 골은 더욱 깊어지고 말지요.

등급	퍼센트	등급	퍼센트
1등급	~4퍼센트	6등급	~77퍼센트
2등급	~11퍼센트	7등급	~89퍼센트
3등급	~23퍼센트	8등급	~96퍼센트
4등급	~40퍼센트	9등급	~100퍼센트
5등급	~60퍼센트		

등급별 퍼센트

등급	등수	등급	등수
1등급	~12등	6등급	~231등
2등급	~33등	7등급	~267등
3등급	~69등	8등급	~288등
4등급	~120등	9등급	~300등
5등급	~180등		

등급 별 등수(전교생 300명 기준)

사교육에 종사하는 입장에서 이런 일을 수도 없이 많이 목격합니다. 전교 6등으로 1등급을 받아 온 아이를 앞에 두고 왜 100점이 아니냐며, 우리 아이는 중학교 때 100점을 받아 오지 않은 적이 없었다고 고함을 지르는 부모도 있습니다. 이런 자녀는 앞으로도 부모와 성적과 진로, 입시와 대학, 진학과 미래에 대한 이야기를 나누는 것에 어려움을 느끼고 입을 닫아 버릴지도 모릅니다.

부모가 제대로 입시를 알아야 아이의 성적을 제대로 읽고, 미래를 아이와 함께 대비할 수 있습니다.

공부가 쉬워지는 입시 컨설팅

절대 평가와 상대 평가는 시험의 난이도를 다르게 만드는 가장 큰 원인입니다. 초등학교 단원평가와 중학교 시험이 고등학교에 비해 상대적으로 쉽다고 평가받는 것은 초중등 시험은 절대 평가이기 때문이지요.

절대 평가에서 중요한 것은 아이들이 '배운 것을 이해하고 있는가'를 확인하는 것이지만, 상대 평가에서 중요한 것은 '학생들을 동점자 없이 줄을 세우는 것'입니다. 이 차이가 심화 문제를 얼마나 출제할 것인가를 결정하는 가장 큰 요소임으로 학교 급별에 따라 기초를 탄탄히 하는 데 초점을 맞출 것인지, 심화 문제 해결에 초점을 맞출 것인지 생각해 볼 일입니다.

영어 회화는 유창한데 영어 성적은 낮은 이유

"우리 아이는 영유 출신이라 영어는 걱정 없다고 생각했는데요…."

어느 순간부터 자주 듣게 되는 이 '영유 출신'이라는 단어. 아이가 저학년일 때는 약간의 자부심이 섞인 뉘앙스였지만, 고학년이 되어서는 어쩐지 당황스러움이 섞인 뉘앙스로 바뀌게 됩니다. '영유'란 영어 유치원의 줄임말로 정확하게 유치원은 아니고 어학원의 유치부를 말합니다. 주로 영어권 출신의 외국인 선생님과 한국인 선생님이 페어가 되어 한 반, 소수 인원의 아이들을 케어하며 영어를 주로 사용하며 생활하지요. 때문에 아이들이 자연스럽게 영어를 접하며 익힐 수 있다는 점에서 많은 학부모님들의 관심을 받고 있습니다.

다만 기본적으로 사교육이기 때문에 일반 유치원처럼 정부 지원은 기대할 수 없어서 보통 한 달에 100~200만 원의 교육비가 지출되는데, 그 비용이 상당한데도 요즘은 전국 어디에서나 영어 유치원이 없는 곳을 찾는 것이 더 빠를 정도로 대중화되기도 했지요. 문제는 영어 유치원 출신 아이가 고학년이 되었을 때, 과연 그 차이가 두드러지는가 하는 점입니다.

영어 성적과 일치하지 않는 회화 실력

영어 유치원 1세대라고 볼 수 있는 2000년생 전후 아이들의 입시가 이미 끝났거나 진행 중인데, 그 효용성은 적어도 '입시'에 한정해서 보았을 때는 미미하다고 말할 수 있습니다. 영어 회화 실력과 영어 시험 성적은 결코 일치하지 않기 때문이지요. 이런 이야기를 하면 '우리나라 교육은 이게 문제야!'라며 분통을 터뜨리는 분들이 많으실 테지만, 어쩔 수 없는 현실입니다.

수능 영어나 내신 영어의 목적은 '문법이나 어법이 정확하지 않더라도 대충 뜻은 통하게 말할 수 있는 아이를 선발하는 것'이 아니기 때문입니다. 마치 수능 국어나 고등학교 국어 내신 시험에서 '한국말 할 줄 알면 다 1등급'이라고 평가하지 않는 것과 마찬가지지요.

따라서 입시에서 가장 중요한 영어 실력은 회화 능력이나 작문 능력이 아닌, 독해 및 추론 능력입니다. 이 때문에 일상 회화를 중심으로 영어에 접근했던 영어 유치원 출신 아이들이나 회화 중심 공부를 해 왔던 학생들은 생각보다 성적이 잘 나오지 않는 현실에 분개하지요.

그래도 영어 회화를 중심으로 하는 실용 영어를 꾸준히 공부했던 학생들이 빛을 보는 분야도 있습니다. 바로 고등학교 '비교과' 부문이지요.

대입에서는 단순히 영어 시험의 점수와 등급만으로 아이들의 영어 실력을 평가하지 않습니다. 학생부 종합 전형에서는 비교과라고 불리는 교과 외적인 부분에서도 학업 능력이나 실제 실력을 가늠하고자 하는데, 이때 영유 출신이 두각을 나타낼 수 있는 기회는 얼마든지 있습니다.

반 대표로 영어 토론 대회에 참여해 좋은 성적을 거두거나, 수행평가로 영어 연극을 준비할 때 대본 검수를 도맡아 한다거나, 교내 방송에서 원어민 선생님과 함께 퀴즈 쇼를 진행하는 등 실용 영어

실용 영어	대입 영어
발화 능력 중심 일상 회화와 밀접하게 연결 시험 대비를 위한 단어/문법 공부가 필요 * 수능 대비 인터넷 강의 추천	독해 및 추론 능력 중심 수능 및 내신과 밀접하게 연결 회화/작문을 위한 추가 공부가 필요 * 원어민 전화 수업 추천

실용 영어와 대입 영어의 차이

능력을 보여 줄 만한 일은 시야를 조금만 넓히면 매우 많습니다.

이렇듯 실용 영어와 대입 영어는 차이가 있음을 인정하고, 각자 부족한 부분을 채우는 데 집중한다면 교과와 비교과에서 모두 좋은 결과를 얻을 수 있을 것입니다.

공부가 쉬워지는 입시 컨설팅

입시 전형에 따라 아이들을 평가하는 항목이 다릅니다. 따라서 평가 방법을 이해해야 우리 아이를 어떻게 교육시킬지 방향이 잡히겠지요?

교과 전형에서는 시험의 점수와 등급이 중요하지만, 종합 전형에서는 교과 외적인 회화 능력이나 실용 영어 실력도 매우 중요한 채점 항목입니다. 우리 아이가 어떤 전형에서 더 유리할지를 생각해 보고 공부의 방향을 설정하세요.

특성화 고등학교는 실업계가 아니다

작년 여름의 일입니다. 중학교 3학년 1학기 기말고사를 마치고 한숨 돌리는 중에 한 학생이 상담을 하고 싶다고 요청해 왔습니다. 평소 수업 태도가 좋은 데다 학교 성적도 전교 한 자리 등수인 우수한 학생이라 여름 방학을 앞두고 학습 계획을 물어보리라고 생각했지요. 하지만 아이의 입에서 나온 이야기는 예상 밖이었습니다.

"선생님, 제가 사실은 공군항공과학고등학교를 지원하고 싶어서요. 선발 시험이 있는데 수학이 중학교 전 범위에요. 문제가 많이 어렵다고 하는데 방학 동안 어떻게 준비해야 할지 모르겠어요."

아마 이 책을 읽는 독자들 중에 경상남도 진주시에 있는 공군항공과학고등학교에 대해 정확히 아는 분은 소수에 불과할 것이라 생각합니다. 하지만 항공 미캐닉(mechanic) 분야에 관심이 있거나 근처에 사는 분들이면 '아, 거기!'라고 분명 아는 체를 할 만한 곳입니다. 우리나라 국방부에서 운영하는 단 하나뿐인 고등학교이지요.

입학과 동시에 국방부 소속 인재로 등록되어 등록금이 없는 것은 물론이고 용돈까지 받아 가며 공부를 하는데, 고등학교 1학년에 이미 공군 기술 장교로 정년을 보장받는 학교입니다. 말 그대로 항공 전문가를 양성하기 위해 군의 노하우를 쏟아붓는 학교이기 때문에 이 학교에 입학하기 위해 '고등학교 재수'를 하는 아이들도 있다면 믿으실지요?

실제로 '항과고'에 입학하기 위해 중학교 3학년 때 도전장을 내밀었다가 탈락의 고배를 마신 아이들이 일반고로 진학한 후, 고등학교 1학년 여름에 다시 한번 입학 원서를 내기도 합니다.

그러나 "그런 학교가 있어요?" 하며 반문하는 학부모님들도 많습니다. 이 마이스터고등학교의 역사가 그다지 오래되지 않은 데다가 '산업 수요 맞춤형 고등학교'라는 설명 때문에 소위 '실업계'와 혼용하여 사용되는 경우도 있습니다.

하지만 마이스터고등학교는 부모 세대가 생각하는 실업계와는 매우 다르다는 사실을 알아야 합니다. 인기가 높은(교육의 질이 보장되는) 마이스터고등학교는 일반고에 진학하는 아이들보다 성적이 좋아야 하는 것은 물론이고 입학 과정이 치열하기로 유명하지요.

그리고 예전 세대가 흔히 실업계라고 부르던 학교들은 이제 '특성화 고등학교'라고 이야기하는데, 특성화 고등학교 중에서도 웬만한 일반 고등학교는 물론 지역 명문보다 입학이 어려운 학교도 있습니다.

대학교 진학률이 높은 특성화 고등학교

안산에 있는 한국디지털미디어고등학교에 대해 들어 본 적 있나요? '디미고'라고 줄여 말하기도 하는데 우리나라에 있는 IT 특성화 고등학교 중 가장 유명한 곳으로, 일반 전형을 준비할 때에는 중학교 내신에서 주요 과목(국영수)은 올 A를 받아야 안전할 정도이며 가장 인기가 많은 화이트 해커 양성 학과인 '해킹방어과'는 올 A를 받아도 떨어지는 것이 그다지 이상하지 않을 만큼 경쟁이 셉니다.

참고로 많은 학부모의 선망의 대상이 되는 외고도 국어, 영어, 사회 과목 정도만 A를 받으면 어디든 어렵지 않게 입학이 가능합니다(최근 경기권 10개 외고의 경쟁률은 1.1 : 1 정도에 그친다).

이렇게 내신 경쟁을 하는 일반 전형이 치열하기 때문에 특별 전형을 준비하는 경우도 있는데, 이때는 올림피아드 수상 경력을 준비하거나 소프트웨어 개발 과정을 기록하며 IT 포트폴리오를 작성하는 등 그 준비 과정이 워낙 어려워 가벼운 마음으로 덤볐다가는 금방 포기하고 맙니다.

"아니, 그렇게 준비해서 굳이 실업계 고등학교를 갈 필요가 있어요?"라며 여전히 마이스터고등학교나 특성화 고등학교를 무시하는 경우가 있는데, 위에서 말한 한국디지털미디어고등학교의 대학교 진학률을 보면 입을 다물지 못할 것입니다.

2022년 디미고에서 발표한 자료에 따르면 특성화 고등학교에 대한 일반적인 시선과는 다르게 꿈을 위해 대학 진학을 선택한 학생이 전체의 약 85퍼센트에 육박하며, 진학을 한 학생의 약 74퍼센트가 서울 소재 대학에 입학한 것으로 확인됩니다(중복 합격 제외).

심지어 많은 학교가 그러하듯 중복 합격을 포함한 합격 인원을 기준으로 한다면 서울대 7명, 카이스트 4명, 연세대 25명, 고려대 18명, 성균관대 6명, 서강대 15명, 한양대 47명, 중앙대 58명 등 8개 대학에서만 무려 180장의 합격장이 날아들었습니다.

특성화 고등학교를 가려는 아이의 마음을 읽어라

제가 굳이 특성화 고등학교의 대학교 실적까지 이야기하는 이유는 마이스터고등학교나 특성화 고등학교에 대한 편견을 우리 부모 세대가 버릴 때가 되었기 때문입니다. 요즘 아이들은 장래 자신이 무엇을 하고 살 것인가에 대한 고민을 많이 합니다. 좀 더 적나라하게는 중학생들이 삼삼오오 모여 "뭐 해 먹고 살지 모르겠다"라고 이야기하는 광경을 자주 목격합니다.

어른들의 입장에서 보면 가슴이 철렁하는 이야기일지도 모르겠습니다. TV에 나오는 명사들은 청소년들에게 "꿈을 크게 가져라"라고 이야기하거나 "세계를 상대로 질주하라"와 같이 담대한 미래를 그려 보라고 요구하지만, 현장에서 마주친 아이들은 많이들 '직업 안정성'에 대한 고민을 하고 있습니다. 그 모습을 보면서 "요새 애들은 야망이 없어"라고 손가락질할 수도 없는 노릇입니다. 요즘 청소년들이 자라며 봐 온 뉴스들을 생각하면, 오히려 너무 빨리 세상을 알아버렸나 싶어 속이 상할 지경입니다.

우리나라가 경제 성장기, 혹은 호황기였을 때 학창 생활을 했던 기성세대의 시대와 지금 우리 아이들이 살아갈 시대는 분명 다를 것입니다. 이 아이들이 자라며 본 뉴스들은 무엇이었나요? 청년 실업, 삼포족, 사포족, 오포족…. 포기가 학습된 청년들, 대학교를 나왔는데도 일자리가 없어 아르바이트를 전전하는 청년들에게 "눈을 좀 낮추면 되지 않느냐?"라고 혀를 차는 사회, 집안에는 공무원 준비를 몇 년째 하고 있는 사촌 형이나 누나가 한 명 정도는 있는 세상입니다.

사춘기를 겪고 있는 중고등학생들은 이미 대학교 졸업장이 곧 자신의 미래를 보장해 주지 않는다는 사실 정도는 알고 있는 것이지요.

이 때문에 아이들은 보다 안정적인 자신의 장래를 위해 마이스터 고등학교 또는 특성화 고등학교라는 대안을 선택하고 준비하려 하는데, 부모님에게 자신의 속마음을 털어놓는 순간, 아이들은 절망에 빠지고 맙니다.

"내가 너 실업계 보내려고 학원 보내고 과외 시킨 줄 알아?"

부모의 불호령에 아이는 자신의 목표와 졸업 후의 비전에 대해 설명할 기회조차 가지지 못하고 꿈을 접고야 맙니다. 하지만 날개를 펴 볼 기회도 없었던 아이가 과연 새로운 꿈을 가지고 아무 일 없었던 듯 씩씩하게 다음 발걸음을 내딛을 수 있을까요? 부모가 신이 아닌 것처럼 아이도 만능은 아닙니다.

새로운 고등학교 분류를 알아 두고 아이를 이곳에 보내자는 뜻은 아닙니다. 그저 또 다른 길도 있다는 사실을 부모가 아이에게 직접 알려 주도록 배경지식을 쌓아 두자는 말이지요. 혹은 내 아이의 입에서 새로운 길에 대한 이야기가 나왔을 때, 편견을 가지고 무작정 반대만 하는 부모가 아니라, 충분히 아이의 말에 귀 기울일 여유를 가지기 위해서라도 이런 정보는 필요하지 않을까요?

공부가 쉬워지는 입시 컨설팅

예전의 실업계 고등학교는 현재 마이스터고등학교와 특성화 고등학교, 두 갈래로 나뉘어졌습니다. 대학 진학과 취업 사이의 갈림길에서 고민을 하고 있다면 특성화 고등학교를 선택하는 것이 낫습니다. 마이스터고등학교는 해당 분야의 장인을 육성하기 위한 '특수목적 고등학교(특목고)'이기 때문에 대학 진학이 매우 까다롭습니다. 나라의 전폭적인 지원을 받아 전문 기술을 익힌 뒤, 산업 현장이 아닌 상급 학교로 진학하는 꼼수를 막기 위함이지요.

◆ 입시 가이드 2 ◆

마이스터고등학교는 어떤 학교인가요?

마이스터고등학교는 해당 분야의 전문가를 양성하기 위한 목적으로 설립된 학교로, 직업 분야 선도 학교입니다. 교장을 비롯한 교사진에 실무에 능한 기술 명장을 임용하는 등, 산업 맞춤형 인재를 길러 내기 위한 교육을 보장합니다. 분야별로 나눌 수 있지만 다분야에 걸쳐 있는 경우도 있습니다. 마이스터고등학교에 가려면 중학교 내신 관리가 필수입니다.

[마이스터고등학교 지정 분야별 학교 안내]

*2022년 3월 입학 기준

1. 기계

경북기계공업고등학교, 광주자동화설비공업고등학교, 군산기계공업고등학교, 금오공업고등학교, 동아마이스터고등학교, 부산기계공업고등학교, 울산마이스터고등학교, 전북기계공업고등학교, 평택마이스터고등학교

2. 뉴미디어

미림여자정보과학고등학교

3. 모바일

금오공업고등학교

4. 바이오

한국바이오마이스터고등학교, 원주의료고등학교

5. 반도체장비

충북반도체고등학교

6. 에너지

수도전기공업고등학교, 울산에너지고등학교, 삼척마이스터고등학교, 한국원자력마이스터고등학교, 충북에너지고등학교

7. 의료기기

원주의료고등학교

8. 자동차

부산자동차고등학교, 평택마이스터고등학교, 연무대기계공업고등학교, 대구일마이스터고등학교

9. 전자

경북기계공업고등학교, 공주마이스터고등학교, 구미전자공업고등학교, 금오공업고등학교, 동아마이스터고등학교, 수원하이텍고등학교, 인천전자마이스터고등학교

10. 조선

거제공업고등학교, 군산기계공업고등학교, 삼천포공업고등학교

11. 철강

합덕제철고등학교, 포항제철공업고등학교

12. 항공

공군항공과학고등학교, 삼천포공업고등학교

13. 항만물류
한국항만물류고등학교

14. 해양
부산해사고등학교, 인천해사고등학교

15. 로봇
서울로봇고등학교

16. 친환경농축산
전남생명과학고등학교

17. 석유화학
여수석유화학고등학교

18. 어업 및 수산물가공
완도수산고등학교

19. 말 산업
한국경마축산고등학교

20. 해외건설플랜트
서울도시과학기술고등학교

21. 조선해양플랜트
현대공업고등학교

22. 소프트웨어
대덕소프트웨어마이스터고등학교, 대구소프트웨어마이스터고등학교, 광주소프트웨어마이스터고등학교,
부산소프트웨어마이스터고등학교

23. 식품
한국식품마이스터고등학교, 경북식품과학마이스터고등학교

24. 농생명자원
김제농생명마이스터고등학교

25. 도시형첨단농업
대구농업마이스터고등학교

26. 나노융합
밀양전자고등학교

27. 글로벌비즈니스
감포고등학교

28. 소방
영월공업고등학교

29. 게임콘텐츠
경기게임마이스터고등학교

<출처 : 교육부 산하 특성화고/마이스터고 포털 하이파이브>

3장

"'고교학점제'를 알아야 중등 3년이 편하다"

입시의 축 고교학점제

달라진 입시의 핵심, 고교학점제

최근 초등학생 자녀를 둔 학부모의 관심사를 독차지하는 주제는 바로 고교학점제입니다. 마치 대학생처럼 고등학생 아이들이 수업을 선택해서 각자 시간표를 구성하고 일정 학점을 취득하면 졸업할 수 있다는 간단한 설명은 오히려 학부모의 혼란만 가중시키는 모양새입니다. 고교학점제에 대해 하나씩 살펴봅시다.

도입 시기	2009년생부터
학점제 교육	192학점 이수시 고등학교 졸업 요건 충족 단위 > 학점 (예: 1주일에 4번 = 4학점)
과목 이수 요건	1학년은 공통 과목(필수 과목) 이수, 2~3학년 선택 과목이나 일정 가이드라인 있음
성적 체계 변화	성취도 일정 이하는 미이수 처리 성적 처리 방식은 2가지로 구분

고교학점제 간략 정보

우선 고교학점제가 도입되는 시기는 2009년생부터입니다. 2009년생 아이들은 전국 완전 도입이 되는 학생들로, 언니, 오빠들이 겪고 있는 '선택이수제'보다 좀 더 확장된 개념에서 과목 선택을 하게 됩니다.

현재 고등학교에서는 선택이수제를 기반으로 하여 이미 일정 부분 과목 선택의 자유화를 보장하고 있기 때문에, 고교학점제가 전면 시행된다고 하더라도 일선 학교 현장에서의 충격은 예상보다 심하지는 않으리라고 생각합니다.

자유로운 과목 선택이 가능한 선택이수제

선택이수제가 기존의 '학교 위주 시간표'와 '고교학점제' 사이에서 일종의 가교 역할을 하고 있기 때문입니다. 하지만 지금 시행 중인 선택이수제는 엄밀히 따지면, 아직 과목 선택의 자유가 극히 제한적이기 때문에 반드시 두 교육 과정은 따로 분리하여 생각해야 합니다. 다만 고교학점제가 시행된다고 해서 완벽한 시간표의 자유를 보장받게 되는 것은 아닙니다.

교육부 발표에 따르면, 고등학교 1학년 때는 여전히 필수 이수 과목을 중심으로 공통 과목을 배우므로 아이들이 직접 시간표를 짜서 수업을 듣는 것은 2학년 때부터 시작됩니다. 대학교에서도 1학년 때는 대학교 공부에 필요한 필수 과목들을 먼저 익히도록 유도하듯, 개별 학생들이 자신의 진로에 맞는 수업을 듣고자 하더라도 기본적인 고등 교육 과정하에서 익혀야 하는 필수 과목들은 이수하는 것이 마땅하지 않을까요?

그다음으로 졸업 요건을 보면 '학점제 교육'이라는 이름에 걸맞게 고등학교 3년 동안 총 192학점을 이수하여야 합니다. 그렇다면 이 학점의 단위는 어떻게 정해지는 것일까요? 기존 고등학교에서 사용되던 '단위 수'의 개념이 '학점'의 개념으로 치환된다고 이해하면 편합니다.

아래 표에서 볼 수 있듯, '단위 수'는 교과 학습 상황을 확인할 때 고려되는 요소인데, 쉽게 이야기하면 '일주일에 해당 수업을 몇 번 들었는가?'를 나타내는 지표입니다. 주요 과목인가 아닌가를 단적으로 알 수 있습니다. 보통 국어, 영어, 수학의 경우 단위 수가 3~5단위이며, 일본어, 미술, 체육 등은 단위 수가 1인 경우가 많습니다.

교과	과목	1학기			
		단위 수	원 점수 / 과목 평균 (표준 편차)	성취도 (수강자 수)	석차 등급
수학	수학I	4	84.2 / 61.1 (21.2)	A (312)	2
이수 단위 합계		4			

기존 고등학교 학생부에 기록되는 단위 수 사용 예시

고교학점제가 시행되면 이 단위 수라는 명칭은 사라지고 학점으로 바뀌게 되며, 3년간 총 192학점을 취득해야 졸업 요건을 충족할 수 있습니다. 다시 말하면, 1주일에 50분짜리 1회 수업하는 과목을 16주간 들었다면 1학점을 이수하게 되는 것이지요. 하지만 주의해야 할 점이 있습니다.

기존 교육 과정에서는 출석일을 기준으로 졸업 요건을 충족하는 데 반해 학점을 이수해야 하는 2009년생부터는 '학점 미이수' 기준을 반드시 확인해야 합니다. 교육부에서는 앞으로 과목별 성취도 기준을 두고 성취도가 일정 커트라인 이하라면(불충분한 성취도를 받았다면) 학점 인정을 하지 않겠다고 발표했습니다.

공부가 쉬워지는 입시 컨설팅

현재 초등학생 자녀를 둔 학부모가 교육 제도의 변화를 잘 알아야 하는 가장 큰 이유가 바로 고교학점제의 시행입니다. 대학생처럼 직접 시간표를 짜서 수업을 듣는다는 것은 자녀가 고등학교에 입학하기 전에 진로 교육 및 진로 탐색이 끝나야 한다는 것을 의미합니다.
따라서 초등부터 자녀가 어떤 분야에 관심이 있고 어떤 과목에 흥미가 있는지를 바탕으로 진로를 설정하고 이에 맞춰 학습 전략을 세워야만 새로운 교육 제도인 고교학점제하에서 성공적으로 학입을 수행할 수 있습니다.

성적 미달로 낙제점을 받지 않으려면

고교학점제에서 성적 미달로 미이수, 즉 낙제점을 받는 것을 이해하기 위해서는 새롭게 도입될 성적 부여 방식을 이해해야 합니다. 2009년생 이하 아이들은 앞으로 고등학교에 진학하면 총 두 가지 방식의 성적 표기를 경험하게 됩니다. 첫 번째는 9등급 상대 평가 방식입니다. 9등급 상대 평가 방식은 현재 고등학교 내신과 수능에

- 공통 과목: 9등급 상대 평가 + 6단계 성취도 평가 병기
- 선택 과목

1) 일반 선택: 6단계 절대 평가
2) 융합 선택: 6단계 절대 평가
3) 진로 선택: 6단계 절대 평가

새로운 성적 체계 정보 요약

점수	성취도 등급
90점 이상	A
80점 이상	B
70점 이상	C
60점 이상	D
40점 이상	E
40점 미만	I

A~I 6단계 성취도 평가표

서 널리 사용되고 있는 성적 분류 방식으로, 고등학교 1학년 때 배우는 공통 과목은 고교학점제하에서도 등수를 내겠다고 합니다.

두 번째는 새롭게 사용될 6등급 성취도 평가 방식입니다. 6등급 성취도 평가 방식을 병기하여 낙제점을 받는 학생들을 가려내겠다는 취지이지요. 반대로 2학년과 3학년 때 배울 선택 과목들은 등수를 내지 않는 절대 평가 방식으로, 등급을 표기하지 않고 원 점수에 의거한 6단계 성취도 평가만을 하겠다고 발표했습니다.

6단계 성취도 평가는 위의 표와 같습니다. 지필 고사와 수행 평가 등을 합친 전체 점수가 90점 이상이면 등수와 관계없이 모두 A등급, 80점 이상이면 B등급, 70점 이상이면 C등급이고, 40점 미만이라면 I등급, 즉 낙제를 하는 것으로 한 학기 동안 수업을 들었다 하더라도 해당 과목의 학점은 인정되지 않습니다.

성적이 낮아도 졸업이 가능한 제도

그렇다고 너무 걱정할 필요는 없습니다. 기존 고교학점제 시행 전인 고등학교에서도 '영미문학 읽기', '기하' 등과 같은 진로 선택 과목에서 3단계 성취도 평가(절대 평가)가 이루어졌는데, 절대 평가 과목은 학생들의 등수를 나눌 필요가 없기 때문에 일반적으로 9등급 상대 평가 과목에 비해 시험 난이도가 매우 평이합니다.

또한 학교 측에서도 낙제점을 받아 학점 미인정 학생이 등장하는 상황은 부담으로 작용할 것이므로, 수행 평가의 기본 점수를 이용하여 하위권 학생의 구제 방안을 마련할 것으로 보입니다. 그 외에도 교육부에서 나서서 낙제점(I 등급)을 받게 될 학생에게 이른바 '패자 부활전'의 기회를 준비했노라 말하고 있습니다.

예를 들어, 성적 미달자를 대상으로 방과 후 수업이나 방학 동안 추가 보충 학습을 마련하여 미이수 등급을 이수 등급으로 바꿔 주겠다는 것입니다(단, 이수 등급으로 바뀔 때, 성적의 상한선은 마련하겠다고 하여 기존 아이들의 역차별은 막겠다고 한다).

따라서 학습 의지가 없어 보충 학습마저 출석하지 않는 극히 드문 경우를 제외하고는 학점 미달 때문에 고등학교 졸업이 불가능한 일은 거의 발생하지 않을 것으로 보입니다.

공부가 쉬워지는 입시 컨설팅

고교학점제는 9등급 상대 평가 방식과 6등급 성취도 평가 방식, 총 두 가지 방식으로 성적을 평가할 예정입니다. 전자는 현재 고등학교에서도 사용되고 있는 평가 방식이고, 후자가 새롭게 사용될 평가 방식입니다. 6등급 성취도 평가 방식으로는 낙제점을 받는 학생을 가려낼 수 있습니다. 하지만 성적 미달자에게 따로 등급을 높일 수 있는 기회를 주며 낙제를 막습니다.

새로운 교과목에서 미래의 필수 역량을 읽어라

고교학점제 완전 시행 후의 교과 편성은 2022 개정 교육 과정을 따르게 되는데, 2022년 연말에 확정 발표되어 교육 과정 및 교과서에는 2024년부터 2025년까지 학년별로 적용될 예정입니다. 하지만 교육부가 개정 교육 과정의 홍보를 위해 미리 공개한 자료를 토대로 일부 과목을 유추할 수 있습니다.

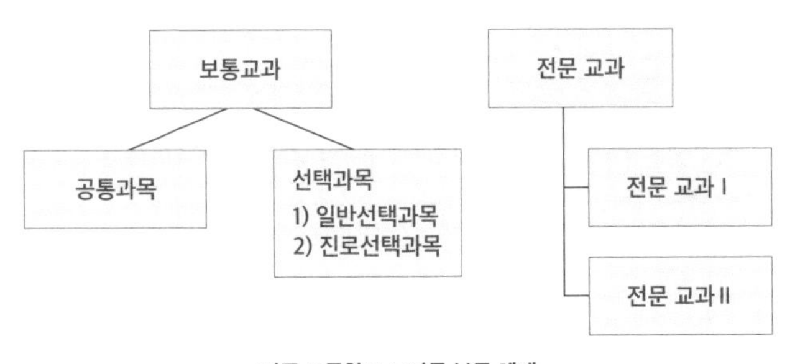

기존 고등학교 교과목 분류 체계

기존의 고등학교 교과목은 앞의 표와 같습니다. 그러나 2022 개정 교육 과정 시행 후에는 분류가 조금 바뀌게 됩니다. 우선 보통 교과 안에 공통 과목과 선택 과목은 그대로 존재하지만, 선택 과목에 융합선택과목 군이 신설됩니다.

또, 기존 전문 교과 I에 속해 있던 과목들이 보통 교과로 흡수되어 일반 고등학교에서도 개설이 더 쉬워져 학생들의 과목 선택권을 보장할 수 있는 여건이 넓어집니다. 참고로 전문 교과 I은 특목고에서 주로 수업하는 과목들이었으며 전문 교과 II는 특성화고 전문 과목들이 편성되어 있습니다.

이제 고교학점제 시행 이후의 각 과목 군들을 차례대로 살펴봅시다.

1. 공통 과목

공통 과목에 속하는 과목은 고교학점제 시행 이후에도 여전히 9등급 상대 평가의 대상이 되는 과목들입니다. 주로 1학년 때 배우는 과목들로 고등학생들이라면 필수적으로 배워야 하는 까닭에 '공통 과목'이라는 이름이 붙었습니다.

공통 국어, 공통 수학, 공통 영어를 비롯해 한국사, 통합사회, 통합과학 같은 과목들입니다. 2~3학년 때 학생들이 직접 진로와 적성에 맞추어 자신에게 필요한 과목을 선택하기에 앞서 각 교과들이 어떤 것들을 배우는지 알려 주는 역할을 하는 기본 교과들입니다.

2. 선택 과목

선택 과목은 성취평가제(절대 평가) 대상 과목들로, 학생들의 적성과 진로에 맞춰 필요한 과목을 선택해야 합니다. 때문에 자녀와 함께 아이가 좋아하는 과목과 배우고 싶은 교과에 대해 충분한 이야기를 나누면서 어떤 과목이 도움이 될 수 있을지를 의논할 시간을 가지기를 추천합니다. 기존 고등학교 교과목과 이름이 달라지거나 신설된 과목들이 많기 때문에 주의가 필요합니다.

아래의 표는 고교학점제 시행 이후 바뀔 교과목 편제들의 개편안이지만, 일부 개정될 가능성도 있으니 참고해 주세요.

또 하나 더, 〈세계시민과 지리〉, 〈인공지능 수학〉, 〈독서토론과 글쓰기〉, 〈금융과 경제생활〉, 〈기후 변화와 환경 생태〉 등 우리 아이들이 새롭게 배우게 될 교과목의 이름을 유심히 살펴보세요. 달라진 교육 환경과 우리 아이들이 살아가게 될 미래 사회에서 필요한 역량이 무엇인지 고민하는 시간이 되길 바랍니다.

교과(군)	일반 선택 과목	진로 선택 과목	융합 선택 과목
국어	화법과 언어, 독서와 작문, 문학	주제 탐구 독서, 문학과 영상, 직무 의사소통	독서 토론과 글쓰기, 매체 의사소통, 언어생활 탐구
수학	대수, 미적분 I, 확률과 통계	미적분 II, 기하, 경제 수학, 인공지능 수학, 직무 수학	수학과 문화, 실용 통계, 수학과제 탐구
영어	영어 I, 영어 II, 영어 독해와 작문	영미문학 읽기, 영어 발표와 토론, 직무 영어, 심화 영어, 심화 영어 독해와 작문	실생활 영어 회화, 미디어 영어, 세계문화와 영어

사회(역사/도덕 포함)	세계시민과 지리, 세계사, 사회와 문화, 현대사회와 윤리	한국지리 탐구, 도시의 미래 탐구, 동아시아사 주제 탐구, 정치, 경제, 법과 사회, 윤리와 사상, 인문학과 윤리, 국제 관계의 이해	여행지리, 역사로 탐구하는 현대 세계, 사회문제 탐구, 금융과 경제생활, 윤리 문제 탐구, 기후 변화와 지속가능한 세계
과학	물리학, 화학, 지구과학, 생명과학	역학과 에너지, 전자기와 빛, 물질과 에너지, 화학반응의 세계, 세포와 물질대사, 생물의 유전, 지구시스템과학, 행성우주과학	과학의 역사와 문화, 기후 변화와 환경생태, 융합과학 탐구
체육	체육 I, 운동과 건강I	체육 II, 운동과 건강 II, (미니)체육 탐구	스포츠생활, (미니) 스포츠 활동과 분석
예술(음악/미술)	음악, 미술, 연극	음악 연주와 창작, 음악 감상과 비평, 미술 창작, 미술 감상과 비평	음악과 미디어, 미술과 매체
기술가정/정보	기술가정	로봇과 공학세계, 가족과 가정생활	창의 공학 설계 ,지식 재산 일반, 생애 설계와 자립, (미니) 아동발달과 부모
	정보	인공지능 기초, 데이터 과학	소프트웨어와 생활
제2외국어/한문	독일어, 일본어, 프랑스어, 러시아어, 스페인어, 아랍어, 중국어, 베트남어	독일어 회화, 심화 독일어, 프랑스어 회화, 심화 프랑스어, 스페인어 회화, 심화 스페인어, 중국어 회화, 심화 중국어, 일본어 회화, 심화 일본어, 러시아어 회화, 심화 러시아어, 아랍어 회화, 심화 아랍어, 베트남어 회화, 심화 베트남어	독일어권 문화, 프랑스어권 문화, 스페인어권 문화, 중국 문화, 일본 문화, 러시아 문화, 아랍 문화, 베트남 문화
	한문	심화 한문	언어생활과 한자
교양	진로와 직업, 생태와 환경	인간과 철학, 삶과 종교, 논리와 사고, 인간과 심리, 교육의 이해, 보건	인간과 경제활동, 논술

고교학점제 시행 이후 바뀔 교과목 편제

학교의 경계가 무너지는 공동 교육 과정

새로운 교과목들을 살펴보다 보면 한 가지 의문이 들지 않나요?

'이 많은 과목을 정말로 다 배울 수 있단 말이야?' 하는 합리적인 의문이 드셨다면 고교학점제의 본질에 가까워진 것입니다.

고등학교 과목들이 세분화되면서 교과목 숫자가 크게 늘어났습니다. 하지만 각 학교에서 개설할 수 있는 교과목은 현실적인 이유 때문에 한정되어 있습니다. 심지어 기존 전문 교과 I에 포함되어 있던 과목들(고급 물리학, 심화수학 I, 심화 영어 독해, 국제 관계의 이해 등)은 특목고에서 주로 개설하고 일반고에서는 찾아보기 힘들었던 과목들입니다. 그래서 시중에 참고서도 거의 찾아보기 어려운 현실이라 학생들이 느끼는 생소함은 더욱 크고 이로 인해 일반 고등학교에서 해당 수업을 개설한다고 하더라도 지원자가 많지 않은 과목들도 매우 많습니다.

교육부에서는 이와 같이 지원자가 적어 과목을 개설할 수 없거나, 학교 여건상 과목 운영이 어려운 경우에도 학생들의 과목 선택권을 보장하고자 새로운 교육 과정을 만들어 운영하고 있습니다.

바로 '공동 교육 과정'입니다. 공동 교육 과정은 현재도 고등학교에서 활발하게 사용되고 있는 프로그램이며, 고교학점제 시행 이후에는 더욱 적극적으로 활용되리라고 기대하고 있지요. 말 그대로 여

국제법	미술사	심화 영어작문 I	논리학	음악이론	정보과학
자료구조	인공지능수학	교육학	심화 영어회화 I	가정과학	고급화학
프랑스어I	수리와 인공지능	현대문학 감상	철학	현대 세계의 변화	영화의 이해
커뮤니케이션	정보통신	빅데이터 분석	고급수학 I	국제관계와 국제기구	캐릭터 제작
생태와 환경	국제 경제	고급 생명과학	고급 화학	문장론	프로그래밍
공중 보건	영어권 문화	심리학	실용 경제	한국 사회의 이해	문학 개론
생명과학 실험	공학 일반	복지 서비스의 기초	비즈니스 영어	스페인어권 문화	창의 경영

2022년 2학기, 경북지역 온라인 공동교육과정 개설 과목 현황 중 일부

러 학교가 공동으로 수강생을 모집하여 교과목을 운영하는데, 인근 학교들이 결합한 오프라인 공동 교육 과정, 좀 더 넓은 지역의 학교들이 결합한 온라인 공동 교육 과정 등으로 각 지역의 사정에 맞추어 준비하고 있습니다. 주로 방과 후 시간을 이용하여 저녁 7시에서 8시에 시작되거나 주말에 수업을 듣습니다. 이것이야말로 학교의 경계가 무너진 미래형 수업이 아닐까요?

강의식 수업에서 블록형 수업으로

다음의 시간표는 교육부에서 발표한 고교학점제 전면 시행 후 학생들의 시간표 예시입니다. 우리는 이 새로운 시간표를 통해 앞으로 변화될 고등학교 수업의 많은 부분을 유추해 낼 수 있지요.

<table>
<tr><th></th><th>월</th><th>화</th><th>수</th><th>목</th><th>금</th></tr>
<tr><td>1교시</td><td rowspan="2">문학</td><td>영어 I</td><td rowspan="2">문학</td><td>영어 I</td><td rowspan="2">화학 I</td></tr>
<tr><td>2교시</td><td>한국지리</td><td>수학 I</td></tr>
<tr><td>3교시</td><td>영어 I</td><td rowspan="2">수학 1</td><td rowspan="2">물리학 I</td><td rowspan="2">한국지리</td><td>음악 감상</td></tr>
<tr><td>4교시</td><td>기하</td><td>수학 I</td></tr>
<tr><td>5교시</td><td rowspan="2">공학 일반</td><td>음악 감상</td><td>중국어 I</td><td>공학 일반</td><td>물리학 I</td></tr>
<tr><td>6교시</td><td></td><td>기하</td><td>운동과 건강</td><td>화법과 작문</td></tr>
<tr><td>7교시</td><td>중국어 I</td><td>화법과 작문</td><td>환경</td><td>화학 I</td><td>운동과 건강</td></tr>
<tr><td>방과 후</td><td></td><td></td><td></td><td></td><td>과학 교양</td></tr>
</table>

고교학점제 시행 후 시간표

먼저 기존에는 없었던 블록형 수업(2교시 연속 수업)이 앞으로는 늘어날 전망입니다. 실제로 교육부에서 발표한 시간표를 보면 블록형 수업이 많습니다. 이는 단순히 수업 시간이 늘어나는 일에 그치지 않지요. 블록형 수업을 도입한다는 것은 곧 기존의 강의식 수업에서 탈피하여 학생들이 주도적으로 수업을 이끌어 나가는 프로젝트 수업이 대세가 된다는 의미이기 때문입니다.

마치 대학교 수업처럼 학생들이 직접 자료를 찾고 발표를 하며 새로운 내용을 익히는 방식으로 진행되거나, 실험이나 연구 활동이 주가 되는 수업이 늘어난다면 기존의 50분 단일 수업으로는 충분하지 못하겠지요. 때문에 연강이 생겨날 수밖에 없는 구조입니다. 이처럼 프로젝트 수업이 늘어나는 변화는 중요한 시사점을 던져 줍니다.

고교학점제로 달라진 학교의 특징

첫째, 자기 주도 학습에 익숙하지 않은 학생은 뒤처질 수밖에 없습니다. 강의식 수업은 미리 예습을 하지 않거나 선행 학습 과제를 완수하지 못했다고 해도 수업 시간에 크게 티가 나지 않습니다. 선생님의 설명을 잘 듣고 나중에 복습을 하면서 만회가 가능하다는 뜻이지요. 하지만 프로젝트 수업은 학생이 준비되지 않으면 애초에 수업에 제대로 참여할 기회조차 얻지 못할 가능성이 많습니다. 발표 위주의 수업에서 발표 준비가 되지 않으면 발언 기회를 얻기 어려우며, 실험 수업에서 이론이 부족하면 실험 보고서를 쓰기란 힘든 일입니다.

둘째, 팀 활동에 익숙하지 않은 학생은 스트레스가 클 수밖에 없습니다. 프로젝트 수업은 대체로 기존의 조별 과제처럼 팀을 이뤄 수행할 가능성이 높습니다. 하지만 그룹을 짜게 되면 그 안에는 무임승차를 하는 조원이 생길 확률이 높으며, 간혹 운이 없으면 성적에 욕심이 있거나 책임감이 강한 아이가 '독박'을 쓸 것이라는 사실을 충분히 예상할 수 있지요.

그러나 이와 같은 문제점들이 있어도 프로젝트 수업은 더 적극적으로 진로와 관련된 과목을 공부하고 학습 능률을 올리는 데 도움이 될 것이며, 이와 같은 교육 방식의 변화는 학업 의지가 높은 학생들에게는 매우 큰 기회가 될 것임은 부정할 수 없습니다.

반의 개념이 약해진다

블록형 수업 외에도 주목해야 할 점은 또 있습니다. 바로 대학교에나 있었던 '공강', 즉 '빈 수업 시간'입니다. 학생들이 직접 시간표를 짜다 보면, 자연스럽게 빈 수업 시간이 생길 가능성이 높습니다. 그런데 우리는 여기서 한 가지 사실을 추론할 수 있습니다.

빈 수업 시간이 생긴다는 것은 학생들이 매 수업 시간마다 강의실을 옮겨 다닌다는 뜻이지요. "그게 왜?"라고 되묻는다면, 다시 "강의실을 옮겨 다닌다는 것은, 기존의 학급 개념이 약화된다는 뜻인데 어떻게 생각하나?"라는 질문을 던져 보고 싶습니다.

고교학점제가 시행되면 학급의 개념이 약해집니다. 물론 완전한 학급의 붕괴가 일어나지는 않겠지요. 하지만 대부분의 시간을 '우리 반 친구들'과 함께 보내던 기존의 학교와는 달리, 매 수업 시간마다 다른 학생들과 수업을 듣는 상황은 일부 학생들에게는 꽤나 부담으로 작용할 수도 있습니다.

앞서 말한 프로젝트형 수업과 학급의 결속력 약화가 합쳐진다면, 내향적 기질이 강한 아이들에게는 학교 적응 문제가 보다 심화될 수 있기 때문에 미리 주의가 필요합니다.

공부가 쉬워지는 입시 컨설팅

고교학점제 시간표의 특징은 아래와 같으니 확인해 보세요.

- 블록형 수업이 있다.
- 시간표 구성에 따라 빈 시간이 있다.
- 온라인 수업이나 타 학교로 이동하여 수업할 수 있다.
- 방과 후 수업으로도 학점을 인정받을 수 있다.

과목을 고르는 적기는 언제일까?

선택이수제나 고교학점제에서 고등학교 2, 3학년 때의 시간표를 학생이 직접 짠다는 이야기를 들으면 대부분의 학생과 부모님은 "1학년 겨울 방학 때쯤 한번 생각해 보면 되겠네요"라는 반응을 보입니다. 하지만 과연 그럴까요? 아래의 진로 과정을 한번 살펴봅시다.

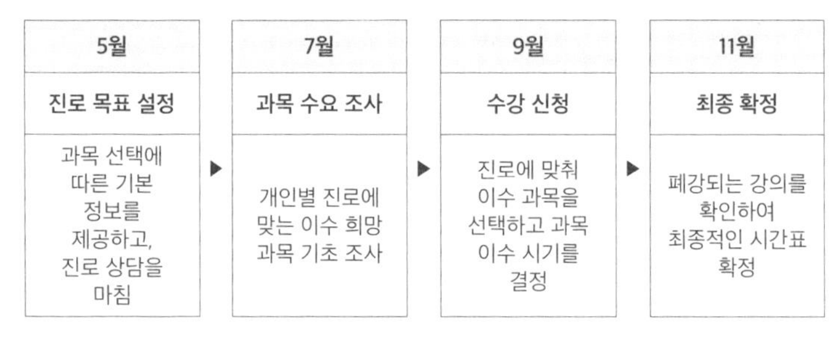

월별 주요 계획 과정

대학교와 고등학교는 과목 운영에 대한 현실이 조금 다릅니다. 따라서 다음 학기에 배울 과목 신청을 학기 시작 한두 달 전에 결정하는 대학교와는 달리, 고등학교에서는 2, 3학년 때 배울 과목을 1학년 여름 방학을 전후하여 최종으로 결정합니다.

고등학교 입학 후 첫 시험을 치르고 나서 정신이 없는 와중에 진로 상담을 하고 이를 바탕으로 여름 방학 전, '우리 학교에서는 이런 과목을 개설하려고 하는데 뭐 더 필요한 것 있니?'라는 조사까지 완료해 버립니다.

직접 짜는 수업 시간표

여름 방학이 끝나고 학교에 돌아오면 이제는 최종적으로 어떤 과목을 들을지 선택을 강요당하기 시작하는데, 이때 정하는 것은 2학년 1학기 시간표뿐만이 아닙니다. 2학년 1학기부터 2학기까지, 최소 1년에서 어떤 학교는 3학년 2학기까지, 앞으로 남은 고등학교 시간표를 모두 결정하라고 말합니다. 최종 확정은 11월이라고 하지만, 대부분의 학교에서는 9월 수강 신청 후에는 더 이상 선택을 변경할 수 없다고 겁을 주기 때문에 사실상 기회는 여기서 끝이지요.

따라서 고등학교 교과에는 어떤 과목이 있고, 우리 아이의 진로에

계열	설명	이수 과목 예시
상경 계열	국어와 영어 과목 전체가 이수 대상 과목이며, 문과 계열이지만 특성상 수학 교과의 중요도가 매우 높다. 따라서 사회 탐구 과목의 다양한 이수와 함께 수학의 중요도도 반드시 기억해야 한다.	수학 I, 수학 II, 미적분, 확률과 통계, 경제수학, 경제, 정치와 법, 사회문화, 사회문제탐구 등
인문 계열	철학, 역사학 등의 인문학 계열은 국어, 영어, 사회 교과군에 속해 있는 심화 과목들을 이수하는 것이 유리하다. 심화 과목은 공동 교육 과정으로 개설될 확률이 높다는 것을 참고하자.	독서, 문학, 고전 읽기, 심화 국어, 영미문학 읽기, 한국지리, 세계지리, 세계사, 동아시아사, 정치와 법, 윤리와 사상, 철학, 논리학 등
의학 계열	생명과학 및 화학 관련 과목에 대한 중요성은 물론이고, 직업 특성상 직업 철학과 윤리에 관한 고민과 성찰이 필요함을 잊지 말자.	화학 I, 화학 II, 생명 I, 생명 II, 융합과학, 생활과 과학, 생명실험, 고급생명, 화학실험, 고급화학, 사회문화, 생활과 윤리, 심리학, 철학 등
공학 계열	수학과 과학의 중요도가 절대적이다. 또한 영어 교과 역시 간과해서는 안 되며, 과학은 희망 전공에 따라 심화 과정까지 이수할 수 있도록 시간표를 구성해야 한다.	수학 I, 수학 II, 미적분, 기하, 수학과제 탐구, 고급수학, 심화수학, 진로영어, 실용영어, 물리 I/II, 화학 I/II, 생명 I/II, 지구과학 I/II, 융합과학, 과학사 등
교육 계열	유, 초등 교육 및 특수 교육학을 희망한다면 인문/사회/과학/예체능 등 모든 교과목에 대한 전반적인 관심이 필요하기 때문에 일반 선택 과목의 편식 없는 고른 선택이 필수적이다. 중등 교육을 희망한다면 국어, 수학, 영어 등 희망 전공에 따른 심화 과목 이수도 필요하다.	모든 과목군에서 한쪽에 치우치지 않는 고른 선택이 필요

희망 전공에 따른 고등학교 선택 과목 예시

적합한 과목은 무엇인지 미리 확인하는 것이 선택의 시기가 왔을 때 당황하지 않고 올바른 결정을 내리는 데 도움이 될 것입니다.

앞의 표는 교육부에서 희망 전공에 따른 고등학교 선택 과목 이수에 대한 가이드라인을 발췌한 것입니다. 참고해서 잘 준비하시기 바랍니다.

공부가 쉬워지는 입시 컨설팅

바뀌는 입시에 대비해 학습 전략을 세우는 것은 빠를수록 좋습니다. 앞으로 입시는 '어떤 아이가 더 구체적인 진로 희망을 가지고 있는가.'가 핵심 포인트이기 때문에 자녀의 진로를 정하고 관련 계열로 진학을 위해서는 어떤 과목이 필요한지를 미리 설명해 주세요. 의사가 되고 싶은 아이라면 생물뿐 아니라 화학과 영어, 철학과 관련 된 과목도 필요함을 알려 주고, 함께 준비해 나가는 지혜가 필요합니다.

하던 대로 하면 고등 성적을 놓친다

고등학교 1학년 1학기 첫 시험을 준비하다 보면 아이들의 입에서 볼멘소리가 흘러나옵니다.

"선생님, 시험 범위가 너무 많아요!"

아이들이 가장 먼저 피부로 느끼는 변화는 바로 '학습량의 차이'입니다. 실제로 중학교 이하의 시험과 고등학교 시험은 단순 시험 범위만 봐도 3배 가까이 차이가 나지요. 단원도 많고, 봐야 할 교재도 많으며, 실제 시험 과목 수도 많습니다.

중학교 때는 부교재를 사용하는 학교가 거의 없기 때문에 주로 교과서를 중심으로 공부를 하되 시중에서 판매되는 문제집을 통해 시험 준비를 하는 것이 일반적이지만, 고등학교에서는 교과서 외의 부교재나 모의고사 시험지 등이 시험 범위에 자연스럽게 포함되는 경우가 대다수라서 '필수적으로' 봐야 하는 교재의 양 자체가 상당히 늘어납니다. 물론 개인적으로 연습을 위해 푸는 문제집은 당연히 따로 있고요.

하지만 상당수의 고등학교 1학년 아이들은 시험 직전까지 개인적인 연습을 위해 푸는 문제집은 고사하고, 학교에서 수업에 사용하는 교과서나 부교재조차 제대로 다 보지 못하고 허덕이는 경우가 많습니다. 시험 범위까지 완성은 고사하고 1회독도 제대로 못한 채 시험장에 들어가는 것이지요. 아이들이 갑자기 고등학교 입학 후에 게으름을 피워서일까요?

벼락치기가 불가능한 고등학교 시험 평가

십여 년에 걸쳐 매년 반복적으로 이 사태를 지켜본 저의 입장에서 보자면 결코 그렇지 않습니다. 아이들은 갑자기 사춘기가 온 것도 아니고, 게으름을 피운 것도 아닙니다. 그저 중학교 때 하던 것처럼 똑같이 시험 대비를 했기 때문에 이 사단이 벌어졌을 뿐이지요.

	초등·중학교 시험	고등학교 시험
목적	부족한 아이가 없는지 확인	우수한 아이들도 줄을 세워야 함
난이도	대체적으로 평이. 고난도 1~2문제	기본 난이도 상승. 고난도 4~5문제
시험 범위	시험 2주 전 벼락치기 가능	시험 4주 전 벼락치기도 불가능
기타	주요 과목을 포기하고, 암기 과목 벼락치기로 평균 상승 가능	평균 90점 등의 개념이 없음, 주요 과목 개별 등급이 중요

희망 전공에 따른 고등학교 선택 과목 예시

시험 기간이 아니더라도 매일 습관처럼 성실하게 복습을 하고 공부를 했던 소수의 학생을 제외한, 대다수의 학생들은 시험 기간 벼락치기가 이미 습관이 되어 있는 경우가 많습니다. 실제로 시험 기간이 되면 학원가 주변의 독서실이 만실이 되고, 도서관의 열람실 자리 맡기 경쟁이 심해지는 것을 보면 얼마나 많은 학생들이 시험 기간에만 공부를 하겠다고 덤비는지 적나라하게 알 수 있지요.

중학교까지는 시험 기간 2~3주 전부터 벼락치기를 하는 것이 가능했습니다. 시험 범위가 짧고 킬러 문제 1~2문제를 제외하면 크게 어렵지 않은 난도로 문제가 출제되기 때문에 기본만 연습하거나 교과서 지문을 외우는 등 아이들마다 나름의 벼락치기 노하우가 있을 정도이지요.

이외에도 우리들이 간과하는 것이 하나 더 있습니다. 바로 평균의 함정입니다. 중학교의 공식 성적 체계가 A/B/C/D/E 5단계 절대 평가로 바뀐 지 한참 지났지만, 여전히 수많은 학교, 학원, 학부모, 학생들은 '그래서 평균이 몇 점인데?'를 우수함의 척도로 삼습니다. 평균 점수는 '골고루 성실히 공부했는가?'를 알 수 있다는 점에서 중요한 기준점이 될 수도 있으나, 현실적인 상황에서는 꽤 위험한 기준이 될 가능성이 높지요.

중학교의 시험 과목은 보통 국어, 영어, 수학, 사회, 과학, 도덕, 역사, 기술가정, 음악, 미술, 체육 등으로 구성되어 있습니다. 문제는 이 과목들 중에 국영수사과를 제외한 나머지는 '암기 과목'이라 통칭되며, 실제로 시험 범위로 A4 용지 몇 장을 나눠 주고 그 안에서 모든 시험 문제가 나오는 경우가 적지 않습니다. 즉, 전날 벼락치기를 통해 주요 과목은 포기하고 A4 용지 몇 장을 달달 외운 뒤 100점을 받으면 이 학생의 평균은 뻥튀기가 됩니다.

좀 더 이해를 돕기 위해 예시를 들어 설명해 보겠습니다. 세영이와 민찬이가 있다고 합시다. 세영이는 평소 주요 과목을 중심으로 꾸준히 공부했고, 민찬이는 공부를 완전히 등한시하지는 않았지만 주로 암기 과목을 벼락치기로 공부해 성적을 유지하는 경향이 있었습니다.

	원 점수	전체 평균	국영수 평균
세영	국어 95, 영어 95, 수학 100, 음악 90, 미술 85, 체육 85	91.7	96.7
민찬	국어 90, 영어 85, 수학 80, 음악 100, 미술 100, 체육 95	91.7	85

전체 평균 점수의 함정을 보여 주는 예시

중간고사 결과, 세영이와 민찬이의 성적 평균은 동일하게 91.7점이었는데, 과연 세영이와 민찬이의 실제 실력이 동일하다고 말할 수 있을까요? 주요 과목인 국영수 점수만 떼어 놓고 평균을 보면 세영이의 주요 과목 점수 평균은 96.7점이고, 민찬이는 85점에 불과합니다. 전 과목 평균으로 보았을 때는 점수가 동일하지만, 벼락치기로 한계가 있는 주요 과목 점수만 놓고 보면 무려 10점이 넘는 차이가 발생하는 것이지요.

평균의 함정에 빠질 수 없다

이 차이는 고등학교 때 본격적으로 드러납니다. 고등학교에서는 중학교 때까지 통용되던 '넌 평균이 몇 점이니?'라는 식의 이야기는 더 이상 아무도 언급하지 않고 궁금해하지도 않습니다.

고등학교 때부터 중요한 건 주요 과목이 평균 몇 등급이냐의 문제인데, 중학교 때와는 달리 일본어나 체육, 미술과 같은 '암기 과목'의 등급은 포함하지 않고 국영수사회 혹은 국영수과학과 같은 주요 과목의 등급만을 지표로 삼습니다. 더 이상 눈속임이 불가능하다는 뜻이지요.

상황이 이렇다 보니 중학교 때 암기 과목 벼락치기를 통해 평균을 유지해 오던 '가짜 우등생'들은 순식간에 평균 이하로 곤두박질치게 됩니다. 어쩔 수 없는 일이지요. 중학교 때부터 주요 과목의 기초 실력은 따라잡기 힘든 격차가 나 버린 상태에서 마인드마저 중학생 때를 벗어나지 못했으니, 고등학교 상위권은 점점 멀어지기만 합니다. 비극은 이런 본질적인 원인을 모르는 학부모들이 과거의 영광만을 언급하며 주어진 현실을 받아들이려 하지 않는다는 데서 시작됩니다.

"우리 애가 중학교 때는 평균 XX점이었는데 아직 고등학교 시험에 익숙하지가 않아서…."

"기초부터 잡자고요? 선생님! 우리 애가 지금 사춘기가 와서 그렇지, 중학교 땐 공부를 얼마나 잘했는데요!"

이 이야기는 많은 부모님들이 실제로 하는 말을 재구성한 것입니다. 고등학교 1학년, 첫 시험을 친 다음 주요 과목 점수가 중학교 때의 반토막이 나자 당황하여 상담을 오셨다가, 지금이라도 시간을 들여서 부족한 주요 과목 기초 공사를 다시 하자는 말을 들으면 손사래를 치는 것이지요.

우리 아이는 지금 잠시 공부 외적인 이유로 멈칫했을 뿐, 결코 부족하지 않다는 것을 어필하고 싶어 하시며 보통 '심화반'에 넣어 달라고 요구하시는 분들이 많습니다. 한편으로는 그 심정이 충분히 이해 갑니다. 부모님들은 정말로 그렇게 믿고 계시는 것입니다. 우리 아이가 지금 잠깐 흔들린 것뿐이라고, 지금 고등학교에서 받은 이 성적은 진짜 우리 아이 실력이 아니라고 말입니다. 그러나 잘못된 학습 습관이 몸에 밴 아이를 정상 궤도에 올려놓기 위한 골든 타임은 그리 길지 않다는 사실을 깨달아야 합니다. 이 골든 타임을 잡아주는 것은 부모의 역할입니다.

설사 상황이 나빠졌다고 해서 상황이 왜 그 지경에 이르렀는지, 아이들 탓을 해서는 안 됩니다. 아이들은 그저 어른들의 기준에 맞추기 위해 나름대로 고민을 하고 계획을 세운 것뿐입니다. 그러니 그 누구도 이 아이들을 조롱하거나, 아이를 향해 손가락질해서는 안 됩니다. 바뀌어야 할 사람은 어른입니다. 당장 눈앞의 숫자 몇 개에 현혹되어 우리 아이에게 정말로 필요한 것이 무엇인지 모른 척하는 것은 이제 그만두어야 합니다. 그래야만 '가짜 우등생'을 연기하는 아이의 탄생을 막을 수 있겠지요.

공부가 쉬워지는 입시 컨설팅

아이가 초등학교, 중학교 때 보았던 시험과 고등학교 시험은 목적, 난이도, 범위 등에서 확연히 차이가 납니다. 중학교 때까지는 벼락치기로 공부해도 점수가 어느 정도 나올 수 있습니다. 하지만 입시의 최전선인 고등학교에서는 성적순으로 줄 세워야 하기 때문에 벼락치기로는 좋은 점수를 얻을 수 없습니다. 그렇기에 초등학생 때부터 꾸준하고 즐거운 공부 습관을 만들어 난이도와 범위를 넘을 수 있는 실력을 키워야 합니다.

진로 탐색은 선택이 아닌 필수

고교학점제는 분명 굉장히 매력적인 제도가 될 것입니다. 학교에서는 학생들이 어떤 선택 과목을 듣고 싶어 하는지 수요 조사를 통해 매해 개설할 과목을 미리 결정하여 수강 신청을 받고, 아이들은 자신의 진로와 연관이 있거나 흥미가 있는 과목을 스스로 선택하여 시간표를 구성한 뒤, 수업을 듣기 때문에 기존의 학교 중심이었던 교육 과정에 비하여 능동적인 학교생활이 가능합니다.

동시에 선택 과목은 옆의 친구와 등수 경쟁을 할 필요가 없이, 절대 평가로 성취도가 매겨지기 때문에 아이들은 자신의 페이스에 맞춰 학업 계획을 수립하여 중간에 학업 의지가 꺾이거나 낮은 성취에 좌절할 가능성 역시 줄어듭니다.

결국 고교학점제를 잘 이용하는 학생이라면 학습 결정권을 가지고 능동적으로 모든 것을 결정하여 학창 시절을 보낼 수 있기 때문에, 그 어느 때보다 만족스러운 결과를 얻을 것이라 생각합니다.

문제는 뭘 해야 할지 모르겠는 아이

하지만 안타깝게도 현실은 이상처럼 흘러가지 않는 법입니다. 문제가 생길 것이 눈에 훤하게 보이는 아이들은 바로 꿈이 명확하지 않은 아이들입니다. 고교학점제는 필연적으로 '꿈 찾기를 강요하는 학교'로 비춰질 수 있습니다. 아니, 정확하게는 애초에 목표가 '진로 설정이 끝난 학생들을 위한' 교육 과정이지요. 교육에서 진로의 결정이 중요해진 것은 하루 이틀 사이의 일이 아닙니다.

초등학교 정기 시험 폐지, 중학교 자유학기제의 확대, 자유 학년제의 시행, 고등학교 문·이과 통합 과정 시행, 고교 선택이수제 시행, 그리고 고교학점제까지…. 지금까지 교육 환경의 변화가 의미하는 바는 매우 확정적입니다.

'꿈이 없어? 꿈 찾으라고 초등학교 때부터 지금까지 기회를 수도 없이 주었잖아?'

적나라하게 말하면 이것이 교육부의 입장이 아닐까 싶습니다. 초등학교부터 고등학교까지 최근 십여 년간 시행된 거의 모든 제도는 우리 아이들에게 끊임없이 치열하게 진로를 탐색하라고 말하는 중입니다. 진로를 탐색할 시간적 여유를 주기 위해 초등학교에서부터 중학교 1학년까지 시험도 없애 주고 진로 활동 시간도 큰 폭으로 늘렸지요.

많은 학부모들이 중학교 1학년이 자유 학년제로 시험이 없다는 사실에 당황하며, "그럼 공부는 언제 해요?"라고 되묻지만, 자유 학년제의 목적은 '진로 탐색 집중 기간'이므로 "시험공부 할 시간에 진로 탐색을 해 보는 건 어때?"라고 권유하고 있었던 것입니다.

고교학점제를 본격적으로 맞닥뜨릴 2009년생 이하 학생들에게 진로가 확실히 정해졌느냐, 그렇지 않느냐는 생각보다 훨씬 더 큰 차이를 만들지도 모릅니다. 친구 따라 강남 가듯, 친한 친구가 특정 과목을 듣겠다고 나도 그 과목을 같이 선택하여 수강해서는 안 됩니다.

네이버 지식인에 질문 글을 올려놓고 특정 과목이 비교적 공부하기 쉽다는 답변에 그 과목을 선택하는 것도 독이지요. 또한 인터넷 입시 카페에 올라온 명문 대학교 진학 후기를 보고 무작정 그 학생의 커리큘럼을 따라갈 수도 없는 노릇입니다.

아이에게 진로를 탐색할 기회를 주어라

꿈이 없는 아이는 이제 시간표도 제 손으로 짤 수가 없습니다. 그것이 고교학점제의 본질이지요. 수강 과목에 대한 선택권 보장은 자신의 미래를 착실히 계획해 온 학생들에겐 축복이 되겠지만, 설렁설렁 아무런 계획 없이 시간만 흘려보내다 고등학생이 된 아이들에게는 지옥이 될 뿐입니다.

관심도 없고 뭘 배우는지도 모르는 과목을 등 떠밀리듯 선택해서 '프로젝트 수업'을 하게 된다고 생각해 보세요. 수업에 사용할 PPT 자료를 준비하고, 몇 주에 걸친 연구 과제를 해결해야 하며, 그 결과를 모두의 앞에서 발표까지 해야 하는데 내게 필요 없는 과목임을 나중에 알게 되었다면 어떨까요? 그 허탈감과 상실감은 어느 누구도 채워 줄 수 없고, 지나간 시간을 되돌리는 것도 불가능합니다.

때문에 2009년생 이하 자녀를 둔 학부모라면 고등학교에 입학하기 이전인 초등·중학교 시기에 선행 몇 달 더 나가는 것보다 우선해서 해야 할 일이 있습니다. 바로 자녀와 함께 진로와 적성을 고민하는 시간을 갖는 것입니다.

다시 한번 말하지만 이제 우리 아이에게 진로 및 적성을 탐색하는 것은 '하면 좋은 일'이 아니라 '반드시 해야만 하는 일'임을 명심해야 합니다.

공부가 쉬워지는 입시 컨설팅

고교학점제로 아이가 어떤 선택 과목을 듣고 싶어 하는지 미리 결정하여 수강 신청을 해야 합니다. 아이는 자신의 진로와 연관이 있거나 흥미가 있는 과목을 스스로 선택해 수업을 듣기 때문에 기존의 학교 중심이었던 교육 과정에 비하여 능동적인 학교생활이 가능해집니다. 초등학생 때부터 자기 주도 학습 습관을 들이면, 몇 년 뒤 고등학생이 되어서 고교학점제에 맞는 주도적으로 공부하는 아이가 될 것입니다.

진로 탐색 온라인 서비스는 뭔가요?

아이가 앞으로 무엇을 해야 할지, 무엇을 좋아하는지 모르겠다고 하면 다음과 같은 기관에서 도움을 받을 수 있습니다. 청소년의 적성, 진로 탐색에 도움을 주는 기관으로 각 기관마다 온라인으로 서비스를 제공합니다.

1. 커리어넷 (www.career.go.kr)

· 교육부가 지원하고 국가진로교육센터가 운영하는 진로 정보망 사이트입니다.
· 적성 유형별 직업군을 소개합니다(일자리 정보, 평균 연봉 등 제공).
· 직업 흥미 검사, 직업 적성 검사 등 청소년용 심리 검사를 제공합니다.

2. 워크넷 (www.work.go.kr)

· 고용노동부가 운영하는 사이트입니다.
· 초등학생~고등학생용 진로와 직업 검사를 제공합니다.
· 대학교 학과별 소개를 통해 진로 정보를 얻을 수 있습니다.

3. 크레존 (www.crezone.net)

· 한국과학창의재단이 운영하는 사이트입니다.
· 초등학교, 중학교, 고등학교별로 창의 체험 활동 프로그램을 제공합니다. 단 시기별, 지역별로 나누어 참가자를 모집합니다.

4장

"통합형 수능을 알아야 아이 성적을 잡는다"

수능 대비 전략

1학년 과목의 중요성, 선택이수제

2004년생부터 고등학교 교육 과정이 바뀌었습니다. 바뀐 교육 과정은 2008년생까지 적용될 예정이기 때문에 이미 고등학생 자녀를 두었거나, 혹은 앞으로 고등학교 입학까지 얼마 남지 않은 예비 고등학생들과 학부모님들은 이 바뀐 교육 과정에 대해 반드시 이해해야 합니다.

교육 과정에 대한 이해가 필수적인 이유는, 지금 고등학생들은 부모 세대와는 전혀 다른 방식으로 수업을 듣기 때문입니다. 고등학생은 대학생처럼 자기 시간표를 자기가 짭니다. 부모 세대처럼 문과, 이과만 정한 뒤 학교에서 만들어 준 시간표대로 움직이는 것이 아닙니다. 편의를 위해 여전히 '문과', '이과'라는 용어를 사용하기는 하지만 공식적으로는 이제 더 이상 문과, 이과는 없습니다. 바로 바뀐 교육 과정의 핵심이 '문이과 통합'이기 때문입니다.

서로 구분 없는 문과와 이과

'문이과가 통합되었다'라는 말은 정확하게는 더 이상 이분법적으로 문과, 이과 두 가지 커리큘럼 중에 택일하여 수업을 듣는 것이 아니라, 개별 학생마다 가지고 있는 진로의 특수성을 고려하여 각자 자신에게 맞는 과목을 선택해서 수업 시간표를 짤 수 있게 자율성을 보장해 주겠다는 취지입니다.

물론 완전 자율은 아닙니다. 어느 정도의 가이드라인은 학교에서 제시해 주고 있는데, 대학교에서 졸업장을 받기 위해서는 전공 과목을 몇 학점, 교양 과목을 몇 학점 이상 이수해야 하는 것과 같다고 이해하면 편하지요.

문이과 통합으로 인한 새로운 시간표 구성이 곧 '선택이수제'입니다. 과목을 선택해서 수업을 듣는 건 2학년 때부터입니다. 고등학교 1학년 과목은 전국의 모든 학생들이 모두 동일한 과목을 듣는 '공통과목'으로, 국어, 수학, 영어를 비롯해 통합사회, 통합과학, 과학실험탐구, 한국사 같은 과목이 포함됩니다.

이 공통 과목들은 이후 2~3학년 때 선택해서 배울 과목들의 기초가 되기 때문에 1학년 과목에서 구멍이 생길 경우, 계속해서 발목이 잡히므로 반드시 미리 신경 써서 학습할 수 있도록 지도가 필요합니다.

1학년 과목이 중요한 이유는 또 있습니다. 공통 과목은 아직 진로를 정하지 못한 아이들에게 2~3학년 때 배울 내용의 힌트가 됩니다. 통합과학은 물리, 생물, 지구과학, 화학 등 앞으로 학년이 올라가면 배울 각각의 과목들을 골고루 맛보기처럼 배울 수 있고, 통합사회 역시 문과 계열로 진로를 택할 경우 심화로 배울 과목인 법과 정치, 윤리와 사상, 한국지리, 사회문화 등의 과목을 함축해 두었지요.

통합사회	통합과학
1. 삶의 이해와 환경 (1) 인간, 사회, 환경과 행복 (2) 자연환경과 인간 (3) 생활 공간과 사회 2. 인간과 공동체 (1) 인권 보장과 헌법 (2) 시장 경제와 금융 (3) 사회 정의와 불평등 3, 사회 변화와 공존 (1) 문화와 다양성 (2) 세계화와 평화 (3) 미래와 지속 가능한 삶	1. 물질과 규칙성 (1) 물질의 규칙성과 결합 (2) 자연의 구성 물질 2. 시스템과 상호 작용 (1) 역학적 시스템 (2) 지구 시스템 (3) 생명 시스템 3. 변화와 다양성 (1) 화학 변화 (2) 생물 다양성과 유지 4. 환경과 에너지 (1) 생태계와 환경 (2) 발전과 신재생 에너지

통합사회와 통합과학의 목차

그렇기 때문에 아직 진로를 정하지 못한 학생이라면 통합사회와 통합과학의 각 단원을 주의 깊게 학습하면서 내가 어떤 분야에 관심이 가고 흥미가 생기며 이해도가 높은지 확인하는 과정이 필수적입니다.

중학교 때부터 유전 공학자가 꿈이었던 아이가 있었습니다. 중학교 때까지 생물 분야는 곧잘 했기 때문에 진로가 흔들리지 않았지만, 고등학교 1학년이 되어 통합과학을 공부하면서 생물이 버거워지기 시작했습니다. 중학교 때와는 달리 심화된 고등 과학에서 생물을 만나자, 더 이상 좋아한다는 것만으로는 뚫을 수 없는 벽이 나타난 것이지요.

다행히도 상대적으로 화학식에 대한 이해나 계산은 친구들에 비해 월등했기 때문에 진로를 생화학 공학으로 살짝 비틀 수 있었습니다. 2학년 이후에는 생명보다는 화학 심화 과목으로 결정하여 흥미를 지속해 나가는 것은 물론이고, 결과 역시 우수하게 유지할 수 있었습니다.

만약 이 아이가 통합과학을 그저 지나가는 과목으로 치부했다면 결과는 어땠을까요?

책임이 따르는 선택이수제의 무게

좋아하는 것과 잘할 수 있는 것을 파악하는 것이 1학년 과목이라는 인식이 없었더라면 분명 이 아이는 계속해서 유전 공학자라는 진로를 고집했을 것이고, 2학년이 되어서도 잘할 수 있는 화학이 아닌, 생명과학을 선택하여 좋지 않은 성적을 받아 들고 좌절했을지도 모르는 일입니다.

이것이 선택이수제가 가진 치명적인 단점입니다. 예전 같았으면 '관심은 별로 없지만 학교에서 정해 준 시간표라 어쩔 수 없이 들었다'라는 변명이 가능하지만, 이제는 '다른 과목을 선택해도 되지만 내가 직접 선택했다'라는 뜻이기에 결과에 대한 책임이 오롯이 학생에게 있는 것이지요. 적어도 입시에서 변명이 통하지 않는다는 것입니다.

이 말의 무게를 하루라도 빨리 이해해야 새로운 교육 과정하에서 성공적인 입시를 준비할 수 있습니다.

공부가 쉬워지는 입시 컨설팅

고교학점제 제도에서는 선택이수제로 시간표를 원하는 대로 구성할 수 있습니다. 과목을 선택하는 것은 고등학교 1학년에 배운 공통 과목의 심화 학습이 되기 때문에 고등학교 1학년 시기가 어찌 보면 가장 중요합니다. 많은 부모들이 바뀐 제도에 따라 중학생 때에, 더 앞질러 초등 고학년에 미리 선행을 시키는 이유입니다.

문이과의 구분이 사라진 통합형 수능

더 이상 공식적인 명칭으로 '문과', '이과'를 사용하지 않기 때문에 '문과 수학'과 '이과 수학'을 따로 응시했던 수능에도 변화가 생겼습니다. 2021년에 수능을 본 2003년생부터 변화된 수능을 치렀기에, 이미 2003년생들은 이 통합형 수능의 위력을 몸소 체험했습니다. 가장 큰 변화는 바로 문과 계열 학생들의 등급 밀림 현상입니다.

사실 통합형 수능이 시행될 것이라는 발표 직후부터 교육 현장에 있는 교사와 강사들은 모두 한목소리로 '문과 계열 희망 학생들의 수학 부담이 심화될 것'이라는 이야기를 끊임없이 쏟아 냈지만, 생각보다 통합형 수능에 대한 안내가 학생들에게 자세하게 전달되지 않았

국어	수학
공통 과목 (문학 + 비문학) + 선택 과목 (언어와 매체 / 화법과 작문 중 택 1)	공통 과목 (수학 1 + 수학 2) + 선택 과목 (확률과 통계 / 미적분 / 기하 중 택 1)

통합형 수능에서의 국어와 수학 비교

던 탓에 통합형 수능이 도대체 어떤 의미를 지니고 있는지 여전히 모르는 입시생이 많았습니다.

먼저 통합형 수능에서 가장 큰 변화가 있었던 과목은 국어와 수학입니다. 국어와 수학은 모든 응시생이 공통으로 치르는 공통 과목과 개인이 선택하여 응시하는 선택 과목을 조합하여 100점 만점이 됩니다. 예를 들어, 수학은 공통 과목인 수학 1과 수학 2는 모든 아이들이 공부해야 하지만, 선택 과목인 확률과 통계, 미적분, 기하는 셋 중에 가장 자신 있는 과목 하나를 골라서 공부해도 된다는 뜻이지요.

이 이야기를 학생들이나 학부모님에게 전달하면 다음과 같은 질문을 받곤 합니다.

"그럼 선생님, 통합형 수능이라고 해도 선택 과목에 따라서 등급이 따로 나오지 않나요? 확통 선택자는 확통 선택자끼리 등급을 나누고, 미적분 선택자는 미적분 선택자끼리 등급을 나누는 거면 기존이랑 달라진 것이 없잖아요?”

충분히 이런 착각을 할 수 있을 법합니다. 하지만 틀렸습니다. 결론을 말하자면, 선택 과목에 관계없이 등급은 모두 함께 나옵니다.

문이과 통합형 수능의 핵심을 잡아라

그러면 또 이런 질문이 바로 날아오지요.

“선택 과목과 관계없이 등급이 같이 나오면 미적분이나 기하가 어려우니까 그거 선택한 애들이 더 불리한 거 아니에요? 왜 문과가 불리하대요?”

핵심을 찌르는 질문입니다. 이렇게 생각하는 것이 일반적인 논리적 사고의 흐름이지요. 확률과 통계에 비해 미적분의 학습량과 학습 난이도가 더 높은 것은 일반적으로 당연합니다. 그렇기 때문에 얼핏 생각하면 당연히 확통을 선택한 아이들이 좀 더 유리할 것이라는 결론을 내기 쉽습니다.

하지만 수능 국어와 수능 수학에서는 ‘변환 점수식’이라는 것을 사용하여 선택 과목의 난이도 차이에 따른 불리함을 없애는 '표준화 점수'를 산출한 뒤, 선택 과목에 따른 불리함을 상쇄시키고 있지요. 좀 더 쉽고 간단하게 풀이하자면, '더 어렵고 힘든 과목을 공부한 학생에게 더 유리한 구조를 만들어 주겠다'라는 뜻으로 해석해도 무리가 없습니다.

즉, 확률과 통계를 선택해서 100점을 받은 아이와 미적분을 선택해서 100점을 받은 아이에게 똑같이 100점을 주겠다는 것이 아니라, 미적분을 선택한 아이에게는 같은 100점이지만 110점, 120점으로 봐 주겠다는 뜻이지요. 이런 결과가 나오게 된 배경에는 나름의 이유가 있습니다. 왜냐하면 '표준화 점수'를 산출하는 데 중요한 것이 같은 선택 과목을 응시하는 집단의 '공통 과목 점수 평균'이기 때문입니다.

한번 생각해 봅시다. 똑같은 시험을 치른다고 가정할 때, 평균 점수가 80점인 집단 A와, 평균 점수가 50점에 불과한 집단 B가 있다고 하면, 어느 쪽 집단에서 더 높은 등수를 받는 것이 힘들까요? 당연히 집단 A일 것입니다.

그렇기 때문에 평균 점수가 높은 집단 A 학생들에게 일종의 가산점을 부여하는 것이 새로운 수능 제도, 즉 문이과 통합형 수능 제도의 핵심인 것입니다.

동일하게 어려운 진학의 문

실제로 첫 통합형 수능인 2022 수능에서 수학 점수를 좀 더 분석해 봅시다.

확률과 통계를 선택한 그룹(문과 계열 진학 희망자)과 미적분을 선택한 그룹(이과 계열 진학 희망자)의 수학 점수 평균의 차이는 다음과 같습니다.

	확률과 통계 그룹 점수	미적분 그룹 점수
공통 과목(수1+수2 : 74점 만점)	27.15	45.62
선택 과목(확률과 통계 또는 미적분 : 26점 만점)	6.95	9.85

문과와 이과 계열 진학자의 수학 점수 비교

미적분을 선택한 그룹의 공통 과목 평균 점수는 74점 만점에 45.62점이었지만 확률과 통계를 선택한 그룹의 공통 과목 평균 점수는 27.15점에 그쳤습니다. 18.47점의 차이입니다.

그룹 평균이 압도적인 차이를 보이면서 자연스럽게 문과 계열 진학 희망자들이 수학 1등급을 받기란 요원해졌습니다. 확률과 통계를 선택한 학생들 중에 높은 점수를 받은 학생도 그룹 평균이 낮아진 탓에 표준화 점수에서 손해를 본 것입니다.

"그래도 선생님, 결국 대학교 원서를 쓸 때, 이과 학생들과 문과 학생들은 지원하는 학과가 다르니 수학에서 1등급을 받지 못하더라도 문과 계열 학생들에게는 별 다른 문제가 없는 것 아닌가요?"

이런 질문 역시 입시 강의를 할 때마다 자주 받습니다. 그때마다 저는 '상관없는 일로 치부할 수 없다. 문과 학생의 합격 문턱이 낮아지면 이과 학생들이 더 좋은 대학 진학을 위해 문과로 교차 지원할 가능성이 높다'라고 답변했습니다.

상위권 대학교는 대부분 복수 전공 조건이 그리 어렵지 않고, 일부 대학교는 심지어 다전공 제도를 적극적으로 홍보하기도 하기 때문에 이과 학생들이 문과 계열 학과로 지망하는 심리적 부담감이 낮을 수밖에요.

게다가 상위권 대학들은 수능에서 미적분과 과학을 선택한 학생들이 문과 계열 학과로 지망하는 데 별다른 제약을 두지 않고 있습니다. 많은 대학들이 문과 학생들(확률과 통계+사회탐구 조합)이 이과 계열 학과에 지원할 수 없도록 한 것과는 대비되는 점이지요.

예를 들어, 한양대학교 공과 대학교를 희망하던 학생이 점수가 약간 모자랄 경우, 우선 한양대학교 문과 계열 학과로 지원하여 합격한 뒤 복수전공 제도를 활용하여 공학사 학위를 취득하는 전략을 선택하는 것이 가능하다는 의미입니다.

실제로 경희대학교의 2022 수능 정시 전형 자료를 한 번 볼까요?

	최종 등록자의 수능 선택과목 비율	
	확률과 통계	미적분+기하
국어국문학과	60.6%	39.4%
영어영문학과	55.6%	44.4%
행정학과	46.7%	53.3%
경제학과	37.0%	63.0%
정치외교학과	25.0%	75.0%

대표 문과 학과의 수능 선택 과목 비율

위 5개 학과들은 대표적인 문과 학과입니다. 하지만 '문과 담 넘기'를 한 이과 학생들의 비율이 절반을 넘는 학과들도 부지기수입니다. 정치외교학과는 심지어 '전통적인' 문과 학생들은 고작 25퍼센트에 그쳤습니다. 충격적인 수치가 아닐 수 없지요.

따라서 앞으로 문과 계열의 상위권 학생들은 이전 교육 과정과는 달리 같은 문과 계열 상위권 학생들뿐 아니라 이과 계열에서 문과 계열로 담을 넘으려고 하는 학생들도 새로운 경쟁자로 인식해야 합니다. 목표하는 대학교에 진학하는 일이 더욱 어려워진 상황이지요.

이런 이야기를 하면 문과 성향이 강한 자녀를 둔 학부모들은 한숨을 내쉬지만, 반대로 이과 성향이 강한 자녀를 둔 학부모는 이제야 공평해졌다고 환영하는 모습을 보입니다.

대입의 핵심은 수학이다

수능 수학이 선택 과목과는 관계없이 등급이 함께 나오면서 불만을 가지는 학생과 학부모들도 많지만, 곰곰이 생각해 보면 그동안 국어도 문과와 이과가 함께 등급이 나왔지요. 수학의 중요도가 달라서 문과 수학과 이과 수학을 나눈 것이라면, 당연히 국어도 나누었어야 마땅한 일입니다.

그러니 이미 벌어진 일을 원망하거나 탓하기보다는, 바뀐 입시 현실에 맞춰 어떻게 준비를 해야 하는지 고민하는 것이 훨씬 건설적이겠지요. 바뀐 수능이 강조하는 것은 자명합니다. 이제 대입의 핵심 키는 문과, 이과할 것 없이 '수학'입니다.

4차 산업에 걸맞은 인재를 양성하기 위한 방안으로 선택이수제를 도입하고, 문이과 구분을 없앴으며, 앞으로 고교학점제까지 도입 예정인 교육부는 미래 핵심 산업을 위해서는 우리 학생들의 평균적인 수학 실력을 높여야 한다고 판단한 것으로 보입니다.

그러니 이제는 "우리 아이는 문과 갈 거라 수학보다는 다른 과목이 먼저이지 않을까요?"라는 말은 잠시 넣어 두어야 합니다. 동시에 고등학교 입학 후에는 모든 학생들이 수학에 쏟아야 할 시간이 늘어나기 때문에, 다른 과목들은 미리 조금은 완성해 두는 것이 더 전략적인 학습 설계가 될 수도 있다는 점을 기억해야 합니다.

공부가 쉬워지는 입시 컨설팅

문과, 이과가 합쳐지면서 학습에도 변화가 생겼습니다. 성적에 가장 큰 역할을 하는 과목이 바로 수학이 되었습니다. 이전에는 문과라면 수포자가 되어도 괜찮았지만, 수학은 이제 성적을 좌지우지하는 과목이 되었습니다. 초등학생 때부터 수학을 즐겁게 공부하고 포기하지 않는 습관을 길러야 하는 이유입니다.

정시 확대,
입시의 새로운 바람

바뀐 수능을 위해서는 모의고사 준비가 당연히 필요합니다. 내신 시험과 수능은 전혀 다른 형태의 시험이기 때문이지요. 하지만 모의고사 준비가 더욱 중요해진 또 다른 이유가 있습니다. 바로 '정시 강세' 기조가 시작되었기 때문입니다.

2010년대는 그야말로 '학생부 종합 전형'의 시대, 즉 수시의 시대였습니다. 주요 명문 대학교들을 필두로 거의 모든 대학교들은 수능보다 고등학교 학교생활 기록부를 활용한 수시 전형으로 훨씬 더 많은 신입생을 선발했습니다. 신입생을 100명 뽑는다고 했을 때, 수능으로 뽑는 인원은 20명도 채 되지 않는 경우도 상당수였지요.

주요 대학교들이 신입생 선발을 학생부로 하다 보니, 자연스럽게 수능과 모의고사를 준비하는 것보다는 내신과 비교과 준비에 열을 올리는 것이 당연하게 되었고, 평범한 학교에서는 상위권 학생이라 하더라도 모의고사 준비가 거의 되지 않아서 내신에 비해 성적이 좋지 못한 일이 자주 발생했습니다.

그러자 아이러니하게도 학생들과 학부모들은 원인과 결과를 바꾸어 생각하기 시작했지요. 내신 준비에 모든 힘을 쏟느라 수능 준비를 하지 않아 모의고사 등급이 나오지 않은 것을 두고, '지방 학생들이나 현역 학생들은 수능을 준비하지 못해'라고 여기기 시작한 것입니다. 마치 수능은 강남 8학군에 사는 학생들이나 재수생들을 위한 길이며, 지방의 평범한 학생들은 무조건 '내신으로 대학교를 가야 한다.'라고 믿어 버리는 현상이 전국적으로 퍼져 나갔지요. 물론 이 이야기가 완전히 잘못된 것이라고 보는 것도 힘듭니다.

명문대의 교과 전형 신설

누가 뭐라고 하더라도 학생부로 뽑는 인원수(수시 전형)가 훨씬 많았기 때문에 문 자체가 좁고 재수생과 경쟁해야 하는 부담이 있는 수능을 준비하는 것보다는, 우리 학교 친구들과 내신 경쟁을 하는 편이 부담이 덜했을 테니까요. 게다가 우리 학교 시험은 수능처럼 범위가 넓지도 않고 어렵지 않은 경우가 많았으며, 내신 성적이 좋다는 이유로 비교과는 학교 선생님들이 어느 정도 알아서 챙겨 주는 일도 비일비재해서 한 치 앞도 알 수 없는 수능을 준비하는 것에 비해 접근성이 좋았지요.

하지만 2021년을 기점으로 입시에 새로운 바람이 불기 시작했습니다. 주요 대학교를 중심으로 수능 전형(정시)이 갑작스레 확대되었기 때문이지요. 30퍼센트가 채 되지 않던 수능 전형이 대부분 40퍼센트를 넘겼고, 50퍼센트가 넘던 학생부 종합 전형은 그 인원이 대폭 줄어 간신히 30퍼센트를 유지했습니다.

한 가지 더 중요하게 보아야 할 것은 바로 '교과 전형'입니다. 학생부 전형은 크게 '종합 전형'과 '교과 전형'으로 나뉩니다. 교과 전형은 말 그대로 교과만을 평가하는 것으로, 쉽게 말해 '내신 등급'이 얼마인가만을 보겠다는 것입니다. 종합 전형은 교과 성적 외에도 동아리, 진로, 봉사 활동 같은 비교과 활동을 포함하여 평가하는 것으로 공부만 잘한다고 합격할 수 있는 전형은 아닙니다.

그런데 지금까지 서울 주요 명문 대학교들은 대부분 교과 전형이 아예 없는 경우가 대부분이었습니다. 대학교들이 판단하기에는 교과 등급만으로 그 학생의 우수함을 담보할 수 없다는 것이었지요. 다시 말하면 전교생이 30명밖에 안 되는 작은 학교에서 전교 1등으로 1등급인 학생이 교육열이 치열하기로 유명한 학군지에 있는 명문 고등학교의 전교 30등보다 우수할 것이라 볼 수 없다는 뜻입니다.

하지만 2021년을 기점으로 서울대학교를 제외한 주요 명문 대학교들이 약속이나 한듯, 교과 전형을 신설했다는 것은 고개를 갸웃하게 하는 부분입니다.

확대된 수능의 영향력

교과 전형이 신설되었다는 것을 보고 혹시라도 '그럼 내신이 더 중요해진 건가?'라고 생각해서는 안 됩니다. 주요 대학교의 교과 전형 신설은 수능의 영향력이 더욱 확대되었다고 해석해야 합니다.

교과 전형의 신설이 왜 수능의 영향력 확대인지는 간단하게 설명이 가능합니다. 바로 주요 대학교들의 교과 전형을 자세히 살펴보면, 단순히 내신 등급만으로 최종 합격생을 뽑는 것이 아니라, 각 대학교들이 설정한 '수능 최저 등급'을 통과해야 한다는 단서가 붙어 있기 때문이지요.

수능 최저 등급이란 일종의 도핑 테스트와 같습니다. 본 경쟁인 내신 교과 등급 싸움에서 순위권에 들었다고 하더라도, 수능 최저 등급을 만족하지 못하면 메달 자격을 박탈당하는 것이지요.

대학	전형방법	수능최저학력기준
연세대학교	1단계: 학생부 100퍼센트 2단계: 1단계 점수 60퍼센트 + 면접 40퍼센트	없음
고려대학교	학생부 80퍼센트 + 서류 20퍼센트	인문 : 국어, 수학, 영어, 탐구 중 3개 합 6등급 내, 한국사 3등급 내 자연 : 국어, 수학(확률과 통계 지원 불가), 영어, 과학 중 3개 합 7등급 내, 한국사 4등급 내 의대 : 국어, 수학(확통 지원 불가), 영어, 과학 4개 합 5등급 내, 한국사 4등급 내(과학탐구 동일과목 I, II 미인정)
서강대학교	학생부 100퍼센트 (교과 점수 90+출결 점수 5+봉사 점수5)	국어, 수학, 영어, 탐구(1과목) 중 3개 합 6등급 내, 한국사 4등급 내
성균관대학교	학생부 100퍼센트	인문/의상학 : 국어, 수학, 영어, 탐구(1과목) 중 3개 합 6등급 내 글로벌(리더/경제/경영) : 국어, 수학, 영어, 탐구(1과목) 중 3개 합 5등급 내 자연 : 국어, 수학(확률과 통계 지원 불가),영어, 과학I, 과학II 5개 중 3개 합 5등급 내 소프트웨어 : 국어, 수학(확통 지원 불가), 영어, 과학I, 과학II 5개 중 3개 합 5등급 내
한양대학교	학생부 100퍼센트	없음
중앙대학교	학생부 100퍼센트 (교과 점수 90+ 출결 점수10)	인문 : 국어, 수학, 영어, 탐구(1과목) 중 3개 합 7등급 내, 한국사 4등급 내 자연 : 국어, 수학(확률과 통계 지원 불가), 영어, 과학(1과목) 중 3개 합 7, 한국사 4등급 내 약학 : 국어, 수학(확률과 통계 지원 불가), 영어, 과학(1과목) 중 4개 합 5등급 내, 한국사 4등급 내(과학탐구 동일과목 I, II 미인정)
경희대학교	학생부 70퍼센트 (교과 56+출결 7+봉사7) + 서류 30퍼센트	인문 : 국어, 수학, 영어, 탐구(1과목) 중 2개 합 5등급 내, 한국사 5등급 내 한의예(인문) : 국어, 수학, 영어, 탐구(1과목) 중 3개 합 4등급 내, 한국사 5등급 내

		자연 : 국어, 수학(확률과 통계 지원 불가), 영어, 과학(1과목) 중 2개 합 5등급 내, 한국사 5등급 내 의예/한의예(자연)/치의예/약학 : 국어, 수학(확률과 통계 지원 불가), 영어, 과학(1과목) 중 3개 합 4등급 내, 한국사 5등급 내
서울시립대학교	학생부 100퍼센트	인문 : 국어, 수학, 영어, 탐구(1과목) 중 3개 합 7등급 내 자연 : 국어, 수학(확률과 통계 지원 불가), 영어, 과학(1과목) 중 3개 합 7등급 내
한국외국어대학교	학생부 100퍼센트	국어, 수학, 영어, 탐구(1과목) 중 2개 합 4등급 내, 한국사 4등급 내
건국대학교	학생부 70퍼센트 + 서류 30퍼센트	없음

2023 대입 주요 대학 교과전형 수능 최저 등급 기준

위의 표를 함께 해석해 볼까요?

고려대학교는 교과 전형에서 학생부 점수를 80퍼센트에 서류 점수를 20퍼센트 비율로 반영하여 학생을 선발하고자 합니다. 여기서 말하는 '학생부 점수'란 교과 점수를 말합니다. 즉, 내신 등급이 평균 몇 등급이었느냐를 보겠다는 것입니다.

예전에는 교과 전형은 곧 내신만을 평가하는 경우가 대부분이었지만 최근 비교과적 요소(진로 역량, 활동 역량 등)가 중요해짐에 따라 교과 전형임에도 서류 점수를 반영하는 대학이 늘고 있습니다.

서류 점수란 곧 학생부에서 내신 성적 이외의 활동 내용들을 말하는데 자율 활동, 진로 활동, 동아리 활동을 포함하여 각 과목 선생님들의 평가인 '세부 능력 및 특기 사항'까지 전반적으로 고려 대상이 됩니다.

다음은 수능 최저 등급입니다. 고려대의 교과 전형 수능 최저 등급은 다음과 같이 계열별로 상이합니다.

인문 : 국어, 수학, 영어, 탐구 중 3개 합 6등급 내, 한국사 3등급 내
자연 : 국어, 수학(확률과 통계 지원 불가), 영어, 과학 중 3개 합 7등급 내, 한국사 4등급 내
의대 : 국어, 수학(확률과 통계 지원 불가), 영어, 과학 4개 합 5등급 내, 한국사 4등급 내(과학 탐구 동일과목 I, II 미인정)

하나씩 살펴보겠습니다. 인문 계열 학과는 수능에서 국어, 수학, 영어, 탐구 4개 과목 중 성적이 좋은 3개 과목의 등급 합이 6등급 내에 들어와야 하고, 한국사는 3등급 이내를 만족해야 합니다.

하지만 수학 선택 과목을 지정하지 않았기 때문에 인문 계열 학과는 확률과 통계를 선택한 학생도, 미적분이나 기하를 선택한 이과 계열 학생들도 모두 지원이 가능하다는 뜻입니다.

탐구 역시 마찬가지이지요. '사회 탐구'로 지정해 두지 않았기 때

문에 과학 탐구를 선택한 학생들도 얼마든지 교차 지원이 가능합니다. 하지만 자연 계열은 어떤가요?

수능에서 확률과 통계를 선택한 학생은 애초에 원서를 넣는 것이 불가능하고, 탐구 과목도 '과학 탐구'로 지정해 두었습니다. 이과 계열 학생이 문과 계열 학과에 지원하는 것은 가능하지만 문과 계열 학생이 이과 계열 학과에 지원하는 것은 어려운 구조이지요.

교과 전형은 아니지만 서울대학교 지역 균형 전형은 예전부터 수능 최저 등급을 설정하고 있었습니다. 참고로 서울대학교 지역 균형 전형은 전국의 모든 학교에서 가장 우수한 학생 2명을 선발하여 해당 학생들에게만 지원 자격을 주는 전형으로, 보통 문과 전교 1등과 이과 전교 1등이 각각 지원 원서를 가져가는 전형입니다. 즉, 이 전형에 원서를 쓰는 학생들은 거의 모두가 전교 1등 학생이라는 뜻이지요.

이 지역 균형에서 서울대학교가 제시한 수능 최저 등급은 '수능 2등급 이내 과목 3개'입니다. 수능 4과목 중에서 2등급을 3개만 받아도 합격이라는 뜻인데, 전교 1등들이 모이는 전형이니 당연히 이 정도는 만족하리라고 생각하는 분들이 많습니다. 하지만 과연 그럴까요?

다음의 5년간 서울대학교 지역 균형 전형의 수능 최저 등급 미충족자 비율을 평균 내면, 무려 44퍼센트에 달합니다. 대략 2명 중 1명의 '전교 1등'들이 고작해야 수능 2등급 3개를 맞추지 못한 것이지요.

연도	수능 최저 미충족자	미충족자 비율
2016	1016명	43.0퍼센트
2017	1145명	48.4퍼센트
2018	969명	39.8퍼센트
2019	1121명	45.9퍼센트
2020	1106명	44.9퍼센트

열린민주당 강민정 의원실에서 발표한 서울대학교 지역 균형 수능 최저 충족 비율

전국의 학생들이 수능 준비를 얼마나 등한시하고 있는지 여실히 보여 주는 지표입니다. 또한 내신과 수능 준비는 별개로 해야 한다는 것을 보여 주기도 하지요.

이미 수능 확대는 정해진 일입니다. 그렇기에 이제 입시를 앞두고 있는 학생과 학부모는 예전처럼 '내신에만 목매었다간' 죽도 밥도 되지 않는 결과를 맞이할지도 모르는 일입니다. 파도가 다른 방향으로 치고 있으니 이제 방향키도 바꿔야 합니다.

공부가 쉬워지는 입시 컨설팅

2010년대에는 입시의 방향이 수시에 있었다면, 최근에는 입시의 방향이 다시 수능으로 맞춰지고 있습니다. 중학교 자유학년제, 고교학점제 등 교육 제도는 다양해지는데 입시 제도는 오히려 역행한다는 것이 다소 아이러니하지만, 그럴수록 복잡해지는 제도를 제대로 알고 대비해야겠습니다.

학생부 종합 전형의 좁은 문을 통과하려면

그렇다면 왜 학생부 종합 전형은 고작 1년 만에 그 위상을 잃게 되었을까요? 학생부 종합 전형, 줄여서 '학종'이라고 말하는 이 전형에 원서를 쓰기 위해서는 보통 두 가지가 필요합니다. 바로 고등학교 '학교생활 기록부'와 '자기소개서'입니다.

학교생활 기록부는 진로 희망, 자격증, 자율 활동, 진로 활동, 동아리 활동, 봉사 활동, 교과 등급, 각 선생님들의 서술 평가(세부 능력 및 특기 사항), 독서 활동, 담임 선생님의 평가(종합 의견)와 같은 것들이 모두 포함되어 있는 서류로, 지원하는 학생의 3년 치 학교생활을 적나라하게 보여 줍니다.

대입에서 사용되는 자기소개서는 '모든 대학 공통 문항 세 가지와 대학별 자체 문항 한 가지'로 구성되었습니다. 공통 문항의 핵심은 '학업 능력, 지원 학과 관련성, 인성'을 보여 주는 것으로 학교생활 기록부에 나와 있는 증거를 토대로 추가 기술하는 방식이었지요.

학생부 종합 전형이 줄어든 진짜 이유

단순히 성적만으로 학생을 평가하지 않겠다는 학종의 취지는 실제로 교과 성적은 조금 모자라더라도 정말로 해당 학과와 학문에 관심이 있고 소질이 있는 학생들을 선발하기도 했지만, 구체화된 점수로 나타낼 수 없는 채점 기준 때문에 언제나 논란의 중심이었다는 것은 입시에 관심이 없는 사람들도 충분히 알고 있으리라 봅니다.

오죽하면 학종이 처음 도입되어 가이드라인이 정착되지 않았을 때는 '아프리카에 학교를 세우고' 대학에 합격했다는 전설적인 이야기가 떠돌 정도였지요. 이 정도까지는 아니더라도 실제로 대학교수인 아버지나 사업을 하는 어머니의 도움으로 평범한 학생들이라면 할 수 없는 연구 활동이나 외부 활동에 이름을 올려 그 포트폴리오로 대학교에 들어가는 경우도 암암리에 있었습니다. 지금은 외부 활동이나 논문 관련 사항을 모두 학생부에 기재가 불가능하게 바뀌었다는 것이 '누군가는 그렇게 대학교를 갔다던데?'라는 소문에 신빙성을 더해 주는 증거가 아닐까요?

이렇듯 학종의 취지가 좋다는 것과는 별개로 꼼수가 난무하면서 사회적으로 학생부 종합 전형의 공정성에 대한 의문이 점점 커졌고, 교육부 역시 이에 일부 동감하며 2005년생을 기준으로 학생부의 기록 방법이 많이 바뀌었습니다. 문제는 기록 방법의 변화가 '삭제'하거나 '미반영'하는 방식으로 변했다는 점입니다.

· 진로 희망 · 자율 동아리 · 수상 기록 · 개인 봉사 활동 · 봉사 활동 특기 사항 · 교내 영재 학급 및 발명 수업 · 방과 후 수업 이수 상황 · 독서 활동

2005년생 이하부터 대입에 미반영되는 학생부 항목

이렇게 많은 부분이 대입에 미반영(블라인드 처리되어 활용되지 않음)된다는 것을 들은 일부 학생들은 "그럼 준비할 게 적어져서 부담이 줄어든 것 아니에요?"라고 말하지만, 단순히 이렇게 생각할 일은 아닙니다.

학생부 종합 진형의 취지가 무엇인가요? 내신이나 수능과 같이 획일화된 시험만으로는 두각을 나타내지 못했던 잠재력을 갖춘 학생을 선발하는 것이 학종의 첫 번째 목적이 아니었던가요? 그런데 꼼수가 생겼다고 해서 학생들의 관심 분야와 실제 생활 모습을 확인할 수 있었던 여러 항목들을 배제한다는 것은 구더기 무서워 장 못 담그는 행태에 불과하고, 이는 결국 학생부 종합 전형의 존재 의의를 부정하는 것과 마찬가지지요.

지금처럼 비교과 항목을 대거 삭제한다는 것은 결국 대학교에서는 '교과'로만 학생을 판단하라는 뜻인데, 이미 내신 등급을 위주로 학생을 뽑는 전형은 '학생부 교과 전형'이라는 이름으로 따로 있습니다.

게다가 2005년생부터는 대입에서 자기소개서도 더 이상 사용되지 않습니다.

	기존 자기소개서	2023 대입 자기소개서
공통 문항	1. 고등학교 재학 기간 중 학업에 기울인 노력과 학습 경험을 통해 배우고 느낀 점을 중심으로 기술하시오. (1000자 이내) 2. 고등학교 재학 기간 중 본인이 의미를 두고 노력했던 교내 활동 (3개 이내)을 통해 배우고 느낀 점을 중심으로 기술하시오. (1500자 이내) 3. 학교생활 중 배려, 나눔, 협력, 갈등 관리 등을 실천한 사례를 들고, 그 과정을 통해 배우고 느낀 점을 기술하시오. (1000자 이내)	1. 고등학교 재학 기간 중 자신의 진로와 관련하여 어떤 노력을 해 왔는지 본인에게 의미 있는 학습 경험과 교내 활동을 중심으로 기술하시오. (1500자) 2. 고등학교 재학 기간 중 타인과 공동체를 위해 노력한 경험과 이를 통해 배운 점을 기술하시오. (800자 이내)
자율 문항	지원 동기 등 학생을 종합적으로 판단하기 위해 필요한 경우 대학교별로 1개의 자율 문항을 추가하여 활용하시오. (1500자 이내)	필요 시 대학교별로 지원 동기, 진로 계획 등의 자율 문항을 추가하여 활용하시오. (800자 이내)

기존 자기소개서와 2005년생 이후 자기소개서

2004년생까지 대입에서 활용되었던 자기소개서의 문항을 살펴보면 학생들이 직접 자신이 의미를 둔 활동을 소개하고 학생부에서는 보이지 않았던 스스로의 성장을 중심으로 기술하는 내용들이 핵심이라는 점을 확인할 수 있습니다. 학생부 기록의 주체는 학생이 아닌 교사이기 때문에 대학은 형식에 얽매이지 않은 학생들의 자유로운 목소리를 듣고자 했던 것이지요. 즉, 자기소개서는 아이들에게 부담을 주기 위함이 아니라 '또 한 번의 기회'를 주었던 자료라는 의미입니다.

그런데 2005년생부터 자기소개서가 폐지되면 타격을 입는 학생들은 명명백백합니다. 학생부의 중요성을 늦게 깨달았거나, 중간에 진로가 바뀌었거나, 여러 가지 이유로 학생부 기록이 꼼꼼하지 못했던 학생들이 직격탄을 맞게 된 것이지요.

상황이 이렇게 흘러가다 보니 대학교에서는 이제 더 이상 학생부 종합 전형을 신뢰하기 점차 어려워질 수밖에 없고, 자연스레 2022 대입부터는 평가 근거가 대폭 삭제된 학생부 종합 전형으로는 신입생 선발을 줄이게 되었습니다.

이제 왜 갑자기 주요 대학교들이 1년 만에 '학생부 종합 전형의 시대'의 막을 내리고, 다시 한번 '수능의 시대'를 열었는지 이해가 되시나요?

대학교들은 자선 단체가 아니며, 평등한 교육을 위해 애쓰는 정부

조직도 아닙니다. 각 대학들은 어떻게든 우수한 신입생들을 선발하고자 하기 때문에, 교육 정책이 바뀌거나 교육부가 제한을 걸 때마다 새로운 선발 방식을 도입하거나 선발 방식에 변화를 주면서 주어진 조건하에서 최대한 자신들의 입맛에 맞는 학생을 뽑으려 노력합니다.

줄어든 항목에 치열한 점수 전쟁

정리하자면, 수능이 다시 중요해지기 시작한 이유는 결국 학생부 종합 전형의 평가 근거를 대거 삭제한 탓에 대학교들이 학종에 메리트가 없다고 여긴 결과로 볼 수 있습니다. 이제 학생부 종합 전형을 준비하는 학생들은 더 높은 내신 등급과 줄어든 비교과 항목의 질적 우수함을 위해 노력해야 합니다.

학종으로 선발하는 학생이 대거 줄어들었기 때문에 예전보다 내신 등급 커트라인은 더욱 올라갈 것이고, 자기소개서 및 비교과 항목이 삭제되었기 때문에 살아남은 고작해야 몇 안 되는 비교과 항목(공식 동아리, 진로 활동 등)을 낭비되는 글자 없이 눈에 띄는 활동으로만 채워 나가야 합니다.

학생들의 부담을 줄여 주겠다는 교육부의 취지와는 반대로, 실제 현장에서는 아이들의 눈치 싸움이 더욱 늘어날 것이라 예측되는 부분입니다.

공부가 쉬워지는 입시 컨설팅

학생부 항목에 미반영되는 대외 활동이 많아지면서 과목 공부에 중점이 맞춰지고 있습니다. 더욱더 성적 관리가 중요해지는 이유입니다.

진로 선택 과목은 덜 중요할까?

첫아이의 고등학교 입학을 앞두고 있는 미영 씨는 요즘 선배 맘들의 경험담을 들으며 마음가짐을 새로이 하고 있습니다. 운동을 하다가 만난 대학생 자녀가 있는 동네 언니들이 우리 동네 고등학교에 대한 정보를 아낌없이 주었기 때문에 스스로 운이 좋은 편이라고 여기는 중이었지요.

"신 중의 신은 내신이야. 말도 마! 우리 애 내신 시험 기간 때는 TV를 못 틀었어. 한 번에 열 과목 시험을 치는데 주요 과목만 해도 국어, 영어, 수학이 두 과목, 과학도 두 과목 해서 여섯 과목이었거든. 주요 과목에서 한 과목이라도 망치면 평균 등급이 무너지니까 뭐 하나 실수를 하면 안 되잖아. 애가 얼마나 신경이 곤두서 있는지 내가 그 눈치 본다고 아주 딸내미 시집살이를 다했어."

"이게 고등학교는 등수 싸움이라 가슴 치는 일이 얼마나 많게? 한번은 우리 애가 전교 13등이라는 거야! 12등까지가 1등급인데 0.3점인가, 0.4점인가 차이로 한 등수가 밀렸다고 2등급을 받아 왔는데… 그땐 정말 내가 무슨 죄를 지어서 그런가 싶더라니까? 이런 일이 진짜 비일비재해. 1개만 더 맞았어도 몇 등이 오르는 건데 싶어서…."

달라진 입시 제도를 몰라서 생긴 오해

미영 씨에게 경험을 공유해 준 선배 맘들은 대부분 '내신 등급'이 얼마나 치열한지를 중심으로 앞다투어 아찔했던 이야기를 꺼내 주었습니다. 이야기를 들을수록 이 내신이라는 게 정말 사람 피를 말리는 것이구나 싶어 마음이 조급해지는 미영 씨였지요.

그런 마음을 아는지 모르는지 예능 프로를 보며 깔깔거리고 있는 해맑은 아이를 보자니 가슴이 답답해집니다. 고등학교의 등수 싸움이 이렇게 치열할 줄 알았다면 선행을 좀 더 시킬 걸 하는 후회가 들기도 했지요.

여기서 잠깐! 미영 씨가 잘못한 부분은 무엇일까요? 바로 이미 '대학생'이 된 자녀가 있는 선배 맘들의 말을 진리로 받아들였다는 것입니다.

대학생이 된 자녀가 있다는 뜻은 이전 교육 과정하에서 공부를 했던 자녀를 둔 학부모라는 뜻이기 때문에 문이과 통합과 선택이수제로 대표되는 새로운 교육 과정과는 차이가 있을 수밖에 없습니다.

"그래도 내신 등급 따는 게 어려운 건 사실이잖아요?"

이렇게 되묻는 분들이 있다면 저의 대답은 다음과 같습니다.

"좋은 등급을 받는 것은 당연히 힘듭니다. 하지만 등급이 나오지 않는 과목도 있기 때문에 예전에 비해 좀 더 전략적인 접근이 필요합니다."

바뀐 교육 과정하에서는 내신 등급이 나오지 않는 과목도 있습니다. 정확하게는 중학교 때처럼 절대 평가로 성적을 매기기 때문에, 등수에 대한 스트레스를 받지 않아도 되는 과목도 있지요.

이 이야기를 하기 전에 우리는 고등학교의 교과목 분류를 알아야 합니다. 고등학교 교과목은 크게 공통 과목과 선택 과목, 그리고 전문 교과목으로 나눌 수 있습니다.

공통 과목은 앞에서 설명했듯이, 모든 학생들이 공통으로 배우는 과목으로 보통 1학년 때 배우는 과목들입니다. 공통 과목은 과학탐구실험을 제외하고는 상대 평가를 하기 때문에 우리가 흔히 생각하는 1등급부터 9등급까지 등급이 산출됩니다. 우리 반 친구가, 내 짝이 경쟁자가 된다는 뜻이므로 아이들이 시험 기간마다 스트레스를 받는 원인이 되는 과목인 것이지요.

선택 과목은 2~3학년 때 배우는 과목으로, 일반 선택 과목과 진로 선택 과목으로 나눌 수 있습니다. 현재 고등학생들은 2학년부터 자신이 직접 듣고 싶은 과목을 선택하기 때문에 일반 선택 과목을 들을지, 진로 선택 과목을 들을지는 스스로 선택할 수 있습니다.

등급을 위한 과목 재배치가 필요하다

그런데 주의할 점이 있습니다. 일반 선택 과목은 공통 과목과 마찬가지로 1~9등급이 산출되는 상대 평가 과목이지만, 진로 선택 과목은 3단계 절대 평가 과목입니다. 80점을 넘으면 무조건 A등급, 60점을 넘으면 B등급, 60점 미만은 C등급을 받지요. 당연히 등수 싸움을 하지 않아도 되고, 실수 하나로 등급이 좌우되지도 않습니다.

학교 선생님들 역시 상위권 아이들의 등수를 반드시 나눠야 할 필요가 없기 때문에, 자연히 시험 난이도도 상대 평가 과목에 비해서 평이한 경우가 대다수입니다. 그렇다고 진로 선택 과목이 일반 선택 과목보다 중요도가 떨어질까요?

답은 'No!'입니다. 진로 선택 과목의 대표적인 예시를 들면, 국어에는 심화국어, 영어에는 영미문학 읽기, 수학에는 기하, 과학에는 물리 2, 사회에는 사회문제탐구 등이 있습니다. 과목 이름만 보아도 보다 심화된 내용을 배운다는 감이 오지 않나요? 대학교에서도 진로 선택 과목을 '진로 맞춤형 심화 수업을 이수했다는' 평가 근거로 삼기 때문에 결코 그 중요도가 상대 평가 과목에 비해 낮다고 말할 수 없습니다.

또한 일반고, 자사고, 자공고 포함해서 전문 교과가 개설될 경우, 이 전문 교과목은 진로 선택 과목과 동일한 취급을 받게 되기 때문에 역시 상대 평가가 아닌, 절대 평가로 1~9등급 없이 A, B, C로만 평가합니다.

정리하자면 2~3학년 시간표를 짤 때 진로 선택 과목과 전문 교과목을 적절히 배치한다면, 내신 관리 측면에서 보다 효율적으로 시간을 사용할 수 있고 스트레스는 줄어들 수 있습니다. 동시에 진로와 연관된 진로 선택 과목과 전문 교과목은 대입에서도 긍정적인 평가를 받을 수 있기 때문에 누이 좋고 매부 좋고, 도랑 치고 가재 잡는 일이 아닐 수 없지요.

공부가 쉬워지는 입시 컨설팅

고등학교 과목 중에 진로 선택 과목을 주목하세요. 절대 평가 과목으로 80점을 넘으면 무조건 A, 60점을 넘으면 B, 60점 미만은 C를 받기 때문에 성적을 쌓기 좋은 과목입니다. 대표적인 진로 선택 과목은 국어에는 심화국어, 영어에는 영미문학 읽기, 수학에는 기하, 과학에는 물리 2가 있습니다.

◆ 입시 가이드 4 ◆

고등학교 성적 평가는 어떻게 되나요?

1. 1학년

고등학교 1학년은 공통 과목으로 공부합니다. 평가는 대부분 9등급으로 하지요. 상대 평가로서 줄 세우기와 다름없습니다. 하지만 과학탐구실험은 공통 교과이나, 3등급 평가 과목이니 주의해야 합니다.

2. 2학년~3학년

일반 선택 과목과 진로 선택 과목으로 나뉩니다. 일반 선택 과목은 9등급 평가(상대 평가)입니다. 수능 필수 과목이 대거 포진해 있습니다(예: 화법과 작문, 언어와 매체, 수학 1, 수학 2 등). 진로 선택 과목은 3등급 성취도 평가(절대 평가)입니다. 특목고를 제외한 학교에서 전문 교과가 개설될 경우 진로 선택 과목과 동일하게 3등급 성취도 평가로 성적을 산출합니다.

과목당 평가 \ 학년	1학년	2학년	3학년
공통 과목	대부분 9등급 평가	x	x
일반 선택	x	9등급 평가(상대 평가)	
진로 선택	x	3등급 성취도 평가(절대 평가)	

5장

“탄탄한 내신 대비도 정보가 힘이다”

내신 대비 전략

화려한 수상 실적보다 연계되는 활동 기록

요즘 아이들은 대학교를 가기 위해 책을 읽고, 봉사를 하고, 교내 대회를 준비합니다. 독서와 봉사, 대회 참가의 목적이 독서의 즐거움을 느껴서도, 봉사의 기쁨을 맛보기 위해서도, 새로운 목표에 대한 도전도 아닌, 오로지 '대학 진학'에 포커스가 맞춰져 있는 셈이지요. 그야말로 수단이 목적이 되어 버린 상황입니다.

그렇지만 어쩔 수 없습니다. 대학 진학을 위해 학생들의 독서 리스트는 경쟁적으로 늘어나기 시작했기 때문이지요. 인문 계열로 진학을 희망하는 학생들은 1년에 50권이 넘는 책을 읽었다고 기록을 하는 건 예삿일입니다. 문제는 실제로 읽었는지 어떤지 확인할 길이 없다는 것이지요.

내신 변별력 중 하나, 독서

현재 고등학생들의 학생부에는 책을 읽고 느낀 점 등을 기록하는 공간이 없습니다. 그저 아이들이 읽었다고 주장하는 책의 제목과 저자의 이름만 기재가 가능합니다. 많은 학교들은 읽지도 않은 책을 읽었다고 주장하는 것을 막기 위해 학교 자체에서 '독서 기록장'을 여러 방법으로 운영하고는 있지만, 어디까지나 교내에서 시행하는 것으로 담임 선생님에 따라 느슨함의 정도가 달라 실효성이 있다고 보기는 어렵지요.

봉사 활동은 또 어떤가 하니, 고등학교 3년간 채운 봉사 시간이 200시간이 넘는 아이들이 전교에도 열댓 명씩이나 되어 그다지 특이할 것도 없는 이력이 되고 있습니다.

교내 대회는 이미 그 폐단이 알음알음 소문으로 퍼졌습니다. 한 해에 열리는 교내 대회가 50~60개 가까이 있는 학교는 발에 채일 정도이니 '상 나눠 먹기'나 '상 몰아주기'를 통해 다방면으로 우수해 '보이는' 인재를 만드는 건 일도 아닙니다.

발명 아이디어 대회	STEAM 창의 발표회
교내 안내문 표지 디자인 공모전	수학 구조물 경진 대회
과학 탐구 대회	수학 엽서 디자인 공모전
수학 탐구 대회	건축 디자인 공모전
수리 논술 대회	수학 지능 지수 경진 대회
수학 사고력 대회	나라사랑 골든벨

전교 문학상	인포 그래픽 대회
꿈 발표 대회	논술 대회(인문 사회 분야)
진로 발표 대회	윤리 응용 탐구 대회
효행 글쓰기 경진 대회	한국사 골든벨
실천하는 UCC 대회	지리 올림피아드
수학 창의 사고력 대회	지도 독해 경진 대회
영어 PPT 대회	영어 에세이 발표 대회
한자성어 발표 대회	영어 에세이 쓰기 대회
식품 산업 탐구 대회	영어 연설문 발표 대회
IT 윤리 표어 대회	K여고 골든벨
언론 및 홍보 탐구 대회	영어 읽기 경시대회
교내 스포츠클럽 대회	영어 듣기 경시대회
전교 모의 토론 대회	자유 주제 발표 대회(인문/사회)
독서 토론 대회(1)	자유 주제 발표 대회(자연)
독서 토론 대회(2)	자유 주제 발표 대회(의료/보건)
창업 탐구 대회	질문왕 선발전
교내 국문학 공모	독서 기행 공모전
독서 감상문 발표 대회	다독상
표준어 능력 경진 대회	독서기록장 포트폴리오 경진 대회
지리학 탐구 대회	물리 장치 제작회
비행체 제작 대회	과학 자유 주제 탐색 PPT 발표 대회
농/축산 탐구 대회	반 대항 스포츠 대회(1)
경사면 제작 대회	반 대항 스포츠 대회(2)
독서 토론 대회	영어 발음 대회
주제 토론 대회	영어 어휘력 대회
창의 과학 탐구 대회	영어 꿈 발표 대회
창의 수학 탐구 대회	자율 동아리 발표 대회
통계 대회	동아리 포트폴리오 경진 대회
K여고 가요제	자유 주제 과제 연구 발표 대회
진로 로드맵 발표 대회	멘토-멘티 포트폴리오 대회
과학 독서왕	학습 플래너 활용 계획왕 선발
인문사회 독서왕	봉사상
사회현상 탐구 대회	K여고 모의 유엔
영어 뉴스 듣기 대회	

K 사립 여자고등학교에서 한 해 동안 열린 대회 목록

위의 예시처럼 무려 80여 개에 달하는 대회가 고작 한 해 동안 열리기도 합니다. 1년에 80개의 대회가 열렸다는 것은 여름 방학과 겨울 방학을 빼면 한 달에 8개에 달하는, 그러니까 1주일에 꼬박꼬박 2개씩 대회가 열려야 가능한 수치입니다. 말 그대로 매일같이 대회가 열리는 것이나 다름없지요.

게다가 교내 상 대부분은 참가 학생의 20퍼센트 전후로 상을 나눠주기 때문에 상을 받고자 마음만 먹는다면 매년 10개가 넘는 상을 받는 건 일도 아니며, 성적이 우수한 학생들의 경우 학교에서 좀 더 전략적으로 대회 참여를 권유하기 때문에 1년에 수십 개의 상장을 타는 것도 왕왕 있는 일입니다.

이렇듯 독서와 봉사, 교내 대회에서 편법이 난무하는 것이 일반화되자 교육청에서는 고심 끝에 결단을 내렸습니다. 2005년생부터는 이제 더 이상 독서, 봉사, 수상 경력이 대입에 반영되지 않도록 한 것이지요. 수상 경력과 독서는 완전 미반영되는 항목으로 바뀌었고, 봉사는 개인 봉사는 더 이상 기록할 수 없되 학교에서 시행하는 봉사 활동만 남겨 두었습니다.

하지만 "앞으로 독서나 봉사, 수상 경력은 신경 쓰지 않아도 될까요?"라고 물으면 그렇지는 않다고 답변할 수밖에 없습니다. 바로 '우회 기록'이 가능하기 때문이지요. 편법이라고 손가락질하는 사람들도 있을 수 있지만, 꼭 그렇지만은 않습니다.

더욱더 중요해지는 독서 활동

독서 기록을 예시로 들어 봅시다. 이제 더 이상 학생부(생활 기록부)의 독서 목록은 입시에서 의미가 없지만, 내가 읽은 책들이 학생부 그 어떤 곳에도 기록되지 않느냐 한다면 그건 아니라는 뜻입니다.

진로 활동 항목에서의 독서 우회 기록 예시
:《메타버스》라는 책을 읽고 라이프로깅이라는 개념이 미래 산업에서 중요한 부분을 차지할 것으로 예상하여 '정보의 카테고리화'를 주도하는 인공 지능 자동차 소프트웨어 전문가로서의 미래를 꿈꾸게 됨. 이후 소프트웨어 전문가의 ~
과목별 세부 능력 및 특기 사항에서의 독서 우회 기록 예시
: 문학 시간의 자유 주제 발표에서 '우리나라 근대 문학에서의 이데올로기'를 주제로 당시 시대 상황과 이데올로기를 문학 작품 및 작가에 따라 분류하여 정리함. 특히 민족주의와 마르크스주의를 보다 쉽게 설명하기 위해 김동리의 《무녀도》와 김남천의 《맥》을 읽고 요약하여 학급 친구들에게 전달함. 이를 통해 ~

독서 우회 기록 가능 항목 예시

위의 예시에서 볼 수 있듯이, 학생부의 독서 활동 상황이 대입에 반영되지 않더라도 다른 항목과 연계할 수 있는 지점이 매우 높기 때문에 무작정 "이제 책은 안 읽어도 된다고 하던데…"라는 말을 하는 것은 꽤 위험합니다.

따라서 이제 독서와 봉사, 그리고 대회 참가는 '단순 사실 기록'에서 '심화 연계 활동'으로 변했다고 이해해야 하며, 깊이 있는 활동과 다른 활동과의 조합을 염두에 두어야 합니다.

공부가 쉬워지는 입시 컨설팅

독서도 입시와 연관시켜야 한다는 사실이 서글프지만, 변별력을 위해서는 필요한 활동입니다. 다만, 이전의 '입시 독서'가 단순 기록에 그쳤다면, 이제는 독서 후 활동, 그중에서도 독서 후 사고의 확장이 중요해졌습니다. 독서 후 활동은 아이 스스로가 즐겁게 책을 읽는 버릇을 가진다면 자연스레 따라 오는 부분입니다. 그러니 자녀가 어릴 때부터 책을 가까이할 수 있도록 지도를 해 주시면 어떨까요?

반장 선거,
나갈까 말까?

'학급 반장', 요새는 '학급 회장'이라고 부르는 것이 더 일반적이지만 부모님의 눈높이에 맞게 여기서는 반장으로 칭하려 합니다. 각 학급의 인원수가 줄어들었고 촘촘해진 교내 규정 및 청소년 인권 조례 등의 영향 등이 복합적으로 작용해서 요즘 반장의 권위나 권한은 부모 세대에 비해 매우 떨어진 상황입니다.

하지만 여전히 학급을 대표하는 학생이라는 인식과 더불어 대학교 입시에서 '리더십'을 보여 줄 수 있는 커다란 기회가 되리라는 근거 없는 믿음 때문에, 특히 고등학교 1학년 교실에서는 반장이 되고자 하는 후보들이 여러 명씩 등장하기도 하지요.

물론 선생님과 급우들의 가교 역할을 하는 데다 학급 안에서 벌어지는 다양한 이벤트를 주도하는 반장은 그 자체로 충분히 매력적인 자리입니다. 하지만 입시에 도움이 될 것이라는 판단으로 반장에 지원하는 것은 그다지 추천하지 않습니다. 가벼운 마음으로 지원을 했다가는 중학교 때와는 달리 막중한 업무량(?)에 지쳐 당황하는 일도 많은 것이 고등학교의 반장이기 때문이지요.

바빠도 너무 바쁘다

실제로 요즘 고등학생들은 어른들의 생각보다 훨씬 더 바쁩니다. 입시에서 '활동 역량'이 중요해진 데다가, 학교에서도 학생들에게 폭넓은 경험을 제공하기 위해 다양한 프로그램을 개발하고 운영하고 있기 때문이지요.

1년 동안 고등학생들은 심폐소생술, 흡연 예방, 성폭력 방지, 인권 교육, 차별 방지 교육과 같은 교양 특강을 듣습니다. 그리고 저자와의 만남, 진로 토크콘서트, 주말 현장 답사 프로그램, 심리 검사와 진로 검사 같은 일회성 프로그램에 체육대회, 학교 축제, 동아리 발표회, 진로 전시회, 모의 토론 대회 등의 학생 자치회 활동도 수행해야 하지요. 게다가 1년에 4번 있는 정기고사와 과목별로 따로 준비해야 하는 4번의 수행 평가, 시험에는 포함되지 않지만 학생부 기록과 스스로의 성장을 위해 결과물을 만들어야 하는 과목별 포트폴리오(보고서, 프레젠테이션, 연극, 연구, 실험 등) 활동도 성공적으로 수행해야 합니다.

그뿐일까요? 봉사 활동에 각종 대회에 독서 프로그램, 보충 학습 프로그램, 동아리 활동, 학급 1인 1역할, 멘토링 활동까지. 입이 떡 벌어지지 않나요? 공부만 해도 바쁠 고등학생들에게 요구되는 역할은 많아도 너무 많아서 나열을 하자면 끝도 없습니다.

선택해서 하고 싶은 활동만 하면 안 되냐고요? 일반 학생이라면 이 모든 행사에서 주도적인 역할을 맡지 않아도 괜찮습니다.

하지만 반장과 같은 임원들은 상황이 좀 다릅니다. '하고잡이(무엇이든 하고 싶어하는 사람)'들이 많아서 경쟁적으로 나서는 학생이 많은 학교라면 모를까, 대부분의 평범한 고등학교에서는 이 모든 활동들이 반장을 중심으로 진행됩니다. 담임 선생님뿐 아니라 여러 교과 선생님, 선후배간의 다리 역할까지 반장을 거쳐야만 소통이 원활한 경우가 많아서 반장을 맡은 아이들은 쉬는 시간을 온전히 사용하기가 어려울 정도이지요.

차라리 초등학생이었다면 선생님이 행사의 과정을 직접 확인하고, 가정 통신문을 보내 가정의 도움을 받으며 학급 아이들을 챙겼겠지만 고등학교에서는 어지간한 행사는 아이들이 직접 처리합니다. 머리가 굵어진 고등학생들은 교사와 학부모의 개입이 있기 전,

직접 구성원들과 소통하며 문제를 해결하는 방식을 선호하기 때문입니다.

상황이 이렇다 보니 자연스럽게 학생들의 대표 격인 반장은 학급 운영 위원인 학부모가 할 일부터 학생 자치회의 일, 개별 학급의 일까지 모두 떠안게 되는 것입니다. 결국 입시에 도움이 되리라는 가벼운 생각만으로 반장에 지원했다간 큰 코 다치는 일이 생기겠지요?

리더십 항목 평가에 들어가는 반장 활동

중요한 것은 반장을 했느냐 안 했느냐의 문제가 아닙니다. 대학교에서 중요하게 생각하는 것 역시 소위 '반장 딱지'가 붙어 있느냐 없느냐가 아닙니다. 그렇다면 왜 반장이 입시에 유리하다는 소문이 퍼지게 되었을까요?

바로 대입 수시 학생부 종합 전형에서 많은 대학교가 지원자를 평가하는 요소 중 하나로, '리더십' 항목을 중요하게 보기 때문입니다.

평가 항목	키워드 및 설명
학업 역량	교과 이수 / 교과 성취
	· 학업 능력 지표가 우수한가? · 교과 이수 현황과 성취의 발전 정도가 우수한가?

탐구 역량	학업 태도 / 지적 호기심
	· 깊고 넓게 탐구하는 능력이 있는가? · 학업을 수행하고 학습하는 데 자발적 의지와 태도가 있는가?
통합 역량	경험의 다양성
	· 다양한 영역에서 활동하면서 성장하였는가? · 교내 활동에서 다양한 분야를 통해 쌓은 소양이 우수한가?
발전 가능성	자기 주도성 / **리더십**
	· 공동의 목표를 달성하기 위한 역량이 있는가? · 창조적, 논리적으로 문제를 해결할 수 있는 역량이 있는가?
인성	협력 / 팀워크 / 성실성 / 책임감
	· 공동체의 기본 윤리와 원칙을 준수하고 타인에 대한 배려를 실천하며 책임감을 바탕으로 공동체 목표를 위해 자신의 의무를 다할 수 있는가?

중앙대학교 수시 학생부 종합 전형의 지원자 평가 요소 및 설명

위의 표를 보면, '발전 가능성' 항목에 '리더십'이라는 키워드가 포함되었음을 볼 수 있습니다. 자, 리더십이라는 단어만 본다면 어떤 느낌이 드나요? 반장, 리더, 대표, 선거 등의 이미지가 떠오를 것입니다. 바로 이 관습적인 리더십에 관한 이미지 때문에 많은 학생과 학부모들이 입시에서 리더십 항목은 곧 반장이나 동아리 회장과 같은 '직함'을 달아야 된다고 생각하는 것이라 추측됩니다.

물론 반장이나 동아리 회장과 같이 특정 구성원을 대표하는 직함을 가지고 있다면, 대학교가 원하는 리더십을 보여 줄 수 있는 기회가 많음은 사실입니다. 하지만 요즘 고등학교 생활은 기성세대가 생각하는 것보다 훨씬 더 많은 팀 프로젝트로 매일같이 돌아갑니다.

1년에도 수십 개가 넘는 '팀 대회'를 시작으로, 동아리 활동 역시 3~6명으로 다시 세분화되어 선후배 간의 팀으로 활동이 이루어지고, 수행 평가 역시 2~6명의 팀 활동이 대부분이지요. 반 대항으로 대표자로 선출되어 토론회, 발표회를 진행하기도 하고 학급마다 주요 교과목별로 멘토를 선정하여 도움이 필요한 친구를 돕기도 합니다. 이 모든 활동이 리더십을 보여 줄 수 있는 일들이지요.

대학교가 확인하고 싶어 하는 것을 한 줄로 설명하면 '주도적으로 공동의 목표를 이루기 위해 창의적 방법을 동원하여 문제를 성공적으로 해결할 수 있는 역량이 있는가?'와 같습니다.

이런 대학교의 질문에 답하기 위해서 굳이 반장이나 회장직을 역임하는 것만이 답은 아닙니다. 반장은 우리 학교에만 수십 명이 있고, 동아리 간부나 자치회 임원까지 포함하면 학교마다 족히 백여 명은 될 테니 단순 타이틀만으로는 대학교에 아무런 매력 어필도 할 수 없습니다. 위의 질문에 대답할 수 있는 경험이나 활동을 하는 일이 중요합니다. 그러니 입시를 위해 선거에 나간다는 말은 이제는 관두어야 합니다.

공부가 쉬워지는 입시 컨설팅

과거와 다르게 요즘 고등학교에서는 팀 단위로 운영되는 체제가 많습니다. '팀 대회'를 시작으로, 동아리 활동으로 다시 세분화되고, 수행 평가도 팀 활동으로 이뤄집니다. 단체 활동에서 반장, 즉 리더가 되면 대학교에서 원하는 입시 평가 항목에 어느 정도 부합하겠지요. 하지만 아이가 입시만을 위한 리더가 되면 행복하지 않고, 단순히 입시만을 위해 반장이 되기에는 너무 일이 많습니다. 이러한 제도가 있다는 것만 알아 두세요.

기출문제,
불변의 진리

“아니, 선생님. 우리 아이가 생전 생각한 적도 없는 점수를 받아 왔어요!”

“아이도 멘붕이고 저도 당황스럽고…. 고등학교는 원래 이런 건가요?”

“평균이 글쎄 40점이래요! 시험을 이렇게 내면 어떻게 풀라고….”

“우리 아이가 원래 이런 점수를 받을 아이가 아닌데… 시간이 부족해서 뒤에 문제는 보지도 못했다고 하는데 뭐가 문제인가요?”

1학기 중간고사, 첫 시험이 끝나고 나면 고등학교 신입생 학부모님의 당황스러운 음성이 수화기 너머에서 들려옵니다. 매년 반복되는 일이지요. 학생과 학부모님들이 혼란스러워하는 지점도 늘 비슷합니다.

많은 교육 전문가들이나 현장의 선생님들, 선배 학부모들까지 한목소리로 "고등학교 시험은 차원이 다르다"라고 말하지만, 막상 어떻게 준비를 해야 하는지에 대해서는 뜬구름 잡는 이야기를 하는 데 그치는 경우가 많습니다.

킬러 문제 잡는 족보의 힘

답은 '족보'입니다. 여기서 족보란 우리 아이가 진학할 학교의 기출문제를 말하지요. 내신 시험은 수능과는 다릅니다. 전국의 학생들을 대상으로 하는 수능과는 달리, 내신 시험은 학교마다 난이도나 출제 경향이 천차만별일 수밖에 없는데, 이는 학교가 있는 지역적 특징부터 학교 성비, 학교 특징까지 모두 다르기 때문이지요.

대다수의 학생들이 내신 시험을 준비하느라 시험 몇 주 전부터 스트레스를 받으며 공부에 매진하지만, 어쩐지 기출문제를 분석하고 실전처럼 연습하는 학생들은 소수에 불과합니다. 시중에 있는 유명 문제집을 푸는 것도 중요하고, 학교에서 사용하는 교과서 외의 부교재도 봐야 하지만 1순위는 기출문제인 것은 변하지 않는 진리입니다.

먼저 고등학교 시험은 중학교 시험과는 다릅니다. 기본적으로 절대 평가(A/B/C/D/E, 5단계 성취도 평가)인 중학교 시험과는 달리, 상대 평가 위주인 고등학교 시험은 전교 1등부터 전교 꼴등까지 등수가 잘 나눠질수록 출제를 잘했다고 평가됩니다. 즉, 시험이 어려워 평균이 떨어진다 하더라도 동점자 없이 등수가 잘게 쪼개졌다면 '만사 오케이'인 것이지요.

그렇기 때문에 고등학교 시험의 점수 배점은 '3.2점', '4.1점', '4.3점'처럼 문제당 소수점 형태를 나타냅니다. 15번 문제가 4.1점이고, 16번 문제가 4.2점일 경우, 약간 더 어려웠던 16번 문제를 틀린 아이가 15번 문제를 틀린 아이보다 등수가 낮아지도록 하기 위함이지요.

또한 서술형 배점이 10점인 문제 안에서도 부분 점수를 1~9점까지 주는 것 역시 모두 객관식으로 문제를 낼 때보다 아이들의 점수를 더 세분화할 수 있기 때문입니다. '킬러 문제'를 출제하고, 서술형을 세세히 채점하며, 문제 배점을 소수점으로 만듭니다. 그러나 전교생의 등수를 나누기 위한 선생님들의 노력은 이뿐만이 아닙니다.

이 정도로는 상위권 학생들의 변별력을 확실하게 갖추기 어렵기 때문에 고등학교 내신 시험은 '시간 안에 모두 풀지 못하게 하는 방식'으로 진화하고 있습니다. 변별력을 갖추기에 어쩌면 가장 확실한 방법입니다. 시험 시간 50분 동안 약 25문제 전후의 문제가 출제되는 내신 시험에서 킬러 문제를 5문제 이상 출제해 버리면 아이들 대부분은 시간 안에 모든 문제를 풀기 어려워지지요. 주관식 문제를 킬러 문제로 내면 찍어서 맞추기도 힘듭니다.

족보를 미리 입수하여 고등학교 내신 시험을 실전처럼 연습해 보지 못한 학생들은 이렇듯 중학교 시험에 비해 크게 늘어난 킬러 문제 때문에 시간 부족으로 고등학교 진학 후 첫 시험에서 생전 처음 받아 보는 성적을 받고 좌절하지요.

기출문제 속에 답이 있다

고등학교 내신 시험은 '100점을 받기 위한 시험'이 아니라는 점을 기억해야 합니다. 등수를 높이는 시험이지요. 따라서 우리 학교의 기출문제를 통해 킬러 문제의 양과 난이도, 서술형 문제의 배점 등을 확인한 뒤, 객관식 킬러 문제에서 시간을 모두 뺏겨 '쉽지만 배점이 높은' 서술형 문제를 건드리지도 못하는 일은 미연에 방지해야 합니다. 또한 학생들에게 시간 부족을 유도하기 위해 중간에 배치한 킬러 문항은 '과감하게 넘기는' 담대함 역시 필요합니다.

특히 중학교 때 상위권이었던 학생들은 지금껏 학교 시험을 칠 때 시간이 부족했다거나 중간에 있는 문제에서 시간을 잡아먹혔던 경험치가 매우 낮습니다. 그렇기 때문에 시험을 치다가 '말려서' 전체를 망치는 일을 미연에 방지하기 위해, 전략적으로 몇 문제 정도는 그냥 넘어가는 연습을 해야 합니다. 결국 몸에 인이 박히도록 여러 번 실전 연습을 통해 몸에 익히는 수밖에 없지요.

이외에도 기출문제가 중요한 이유는 다음과 같습니다. 바로 시중 문제집만으로는 우리 지역의 특징을 반영하지 못하기 때문입니다. 혹시 비평준화 지역과 평준화 지역이 여전히 따로 존재한다는 사실을 아시나요? 전국의 많은 지역들이 아직 비평준화 지역으로, 중학교 내신 성적을 기준으로 고등학교에 입학하고 있다는 사실은 평준화 지역에서 학창 시절을 보낸 학부모에게는 굉장히 당황스러운 일일 수밖에 없습니다.

경기도를 예로 들었을 때, 중학교 내신 시험과 출결 점수, 수상 기록, 봉사 활동 점수 등이 합쳐져서 200점 만점 중 몇 점을 받았는지 점수가 산출되는데, 이 점수로 단 하나의 고등학교만 선택하여 입학 원서를 씁니다. 만약 해당 학교의 입학 커트라인에 내 점수가 모자랄 경우, 점수가 안 되니 입학 원서를 빼서 다른 학교에 넣으라는 전화를 받게 되는 것이 바로 비평준화 지역의 학생들이지요.

평준화 지역 아이들이 1순위부터 많게는 8순위까지도 희망 고등학교를 적어 '뺑뺑이'를 돌려 진학을 하는 것과는 전혀 다른 방식이기 때문에 비평준화 지역의 중학생들은 중학교 때부터 입시 스트레스를 받으며, 어떤 고등학교에 진학을 할지 계획을 짜느라 고민을 합니다.

이렇게 중학교 성적으로 어떤 학교에 갈지가 결정되는 비평준화 지역의 고등학교는 태생적으로 평준화 지역의 고등학교와는 전혀 다른 특징을 지닙니다. 랜덤으로 진학을 하기 때문에 보통 집과 가까운 학교로 진학하는 평준화 지역은 같은 학교 안에서도 학생들의 수준이 매우 크게 차이가 납니다. 공부를 아주 잘하는 아이부터 아주 못하는 아이까지 골고루 분포되었다는 뜻이지요.

하지만 비평준화 지역은 학교 선호도에 따라 '입학 커트라인'이 있기 때문에 A학교는 중학교 때 못해도 전교 50등 안에 드는 학생들이 가는 학교, B학교는 대부분 50~150등 안의 중위권 학생들이 선호하는 학교, C학교는 대체적으로 중학교 때 150등 이하 중하위권 학생들이 많은 학교와 같이 진학하는 학생들의 학업 성취 수준이 비교적 고르게 분포됩니다.

비평준화 지역은 같은 학교 학생들 대다수가 중학교 때 비슷한 학업 성취를 보였던 아이들이기 때문에, 내신 경쟁이 자연스레 평준화 지역보다 더욱 강할 수밖에 없습니다.

비평준화 지역에서 더 드러나는 족보의 중요성

비평준화 지역에서 선호도가 높은 이른바 '지역 명문고'에 진학하는 아이들은 중학교 때 반에서 한 손가락 안에 안 들어 본 아이를 찾는 게 더 빠른 지경입니다.

경기도 고입 선발 방식에 따른 지역 분류	
평준화 지역	비평준화 지역
수원 성남 안양 부천 고양 광명 안산 의정부 용인 과천 군포 의왕	가평 광주 구리 남양주 동두천 시흥 안산 안성 양주 양평 여주 연천 오산 이천 파주 평택 포천 하남 화성

경기도 지역의 고등학교 입시 선발 방식 차이에 따른 분류(2022년 기준)

따라서 비평준화 지역의 학교 선생님들은 내신 시험을 출제할 때마다 변별력을 갖추기 위해 고심합니다. 대체적으로 우수한 학생들이 진학하는 학교에서 평범한 난이도로 시험을 출제하면, 등급을 가를 수 있는 변별력이 사라져 1등급(4퍼센트)이 사라지는 일도 종종 생기기 때문에 이를 방지하기 위해선 더욱 어렵고 난해한 문제들을 만드는 것이 비평준화 지역 학교에 재직 중인 선생님들의 숙명이지요.

참고로, 만약 100점을 받은 학생이 1등급 기준인 4퍼센트를 초과하면 모두 1등급을 받는 것이 아니라 모두 2등급이 됩니다. 1등급이 없어진다는 뜻이지요. 따라서 고등학교 선생님들은 차라리 평균이 떨어지더라도 100점이 많이 나오는 일을 없애기 위해 킬러 문제를 반드시 출제합니다.

비평준화 지역에 비해서는 지역별 특징이 다소 적게 나타나는 평준화 지역의 고등학교 역시 기출문제를 분석하는 것은 중요합니다. 학교에 따라 서술형 비중이 적게는 10퍼센트에서 많은 학교는 50퍼센트에 육박하기도 하고, 부교재 출제 비중이 높은 학교도 있으며, 모의고사 변형 문제가 자주 출제되는 학교도 있습니다. 어떤 학교는 킬러 문제를 출제할 때 주로 계산을 복잡하게 꼬아 시간 부족을 유도하기도 하고, 또 다른 학교는 지문 길이를 늘려 시간 안에 모든 문제를 보기 힘들게 시험지를 구성하기도 하지요.

선생님들이 자주 바뀌지 않는 사립 고등학교는 이러한 학교별 특징이 매우 두드러지게 나타나고, 간혹 같은 재단의 학교(여고-남고)는 몇 년의 간격을 두고 기출문제를 공유하는 경우도 다반사이기 때문에 족보에 더 심혈을 기울일 필요가 있습니다.

몇 년 주기로 교사의 이동이 잦은 공립학교는 사립학교에 비해서는 출제 경향의 일관성이 두드러지지는 않지만, 시험 문제 출제를 주관하는 각 과목의 부장 선생님들이 바뀌지 않는 최근 기출문제 3년 정도는 비슷한 난이도와 유형이 시험에 등장하므로 최근 시험지 분석을 꼭 해야 합니다.

공부가 쉬워지는 입시 컨설팅

내신 점수로 변별력을 갖추기 위해서 비평준화 학교 선생님들은 난도가 높은 킬러 문제들을 냅니다. 등급제로 100점을 받은 학생이 많으면 1등급이 아예 없을 수도 있기 때문에, 등급을 고루 퍼지게 하기 위해 어려운 문제는 필수지요. 킬러 문제를 풀기 위해서는 이전 기출문제를 통해 비슷한 난이도와 유형을 미리 알아보고 대비하는 수밖에 없습니다.

온라인과
오프라인 학원 고르는 법

학부모의 학력이 높아지고, 가정에서도 온라인 수업 등의 교육 정보가 많아지고 접근성이 좋아지면서 이른바 '엄마표 학습'이 늘어나고 있습니다.

엄마표 학습은 내 아이의 성향과 기질을 파악하고 있는 학부모가 직접 자녀를 관리, 감독하며 학습 스케줄을 짜기 때문에 그 어떤 학원이나 강사들보다 내 아이에게 맞춤형 학습을 제공할 수 있다는 장점이 있습니다. 하지만 이런 대체할 수 없는 장점에도 불구하고 엄마표 학습은 자녀가 중학교에 가는 시점을 전후로 대부분 학원으로 대체되고 맙니다. 이유는 두 가지입니다.

엄마표 학습 관리가 어려운 이유

첫째, 학습 내용이 어려워지고 내용이 많아지면서 전문가가 아닌 학부모의 설명 방식에 한계가 오기 시작합니다. 초등학교 때와는 다르게 시험도 생겼고, 과목 수도 늘어납니다. 이 시기 때부터 사고력을 요구하는 문제들도 본격적으로 등장하기 때문에 학창 시절 공부 좀 했다는 부모님도 예전의 기억을 되살려 자녀를 가르치기에 부담이 될 수밖에 없지요. 아는 것과 가르치는 것은 분명히 다른 일이기 때문입니다.

둘째, 사춘기를 맞이한 자녀를 컨트롤하기 어려워집니다. 엄마표 학습을 포기하는 가장 큰 이유가 바로 이것이지요. 엄마들이 모인 자리에서는 오프라인과 온라인을 가리지 않고 "아이 공부 봐 주다가 하도 싸워서 그냥 학원 보내기로 했다"라는 이야기가 매일같이 들려오지요. 오죽하면 교육계에서 잔뼈가 굵은 현직 교사들도 자녀는 학원에 보내고, 유명하기 그지없는 학원 강사들도 내 자식은 다른 강사에게 수업을 맡길까요?

하지만 엄마표 학습 또는 놀이 위주의 사교육에서 본격적인 교과 공부를 위한 학원을 찾기 시작한 학부모들은 곧 '멘붕'에 빠집니다. 학원이 변했습니다. 버스가 몇 대씩이나 있던 대형 전 과목 보습 학원이 유행이었던 1990년대, 대치동 일타 강사의 강의를 집에서 편히 들을 수 있었던 온라인 수업이 대세였던 2000년대, 소규모 맞춤식 공부방이 우후죽순으로 생겨나 선택권이 넓어졌던 2010년대를 지나 이제 2020년대의 사교육은 그야말로 춘추 전국 시대라고 부를 만합니다. 여전히 막강한 대형 학원, 다양해진 온라인 수업 플랫폼, 아파트에는 동마다 공부방이 있고, 개인 과외 선생님은 물론 코로나19를 거치며 이제는 '온라인 화상 수업'까지 더 이상 낯설지 않게 되었지요.

온라인 수업과 오프라인 수업의 장단점

사교육의 도움을 받기로 결정했다면, 우선 고려해야 할 점은 바로 '온라인 수업을 할 것인가, 오프라인 수업을 할 것인가?'입니다. 두 가지 수업의 장점과 단점은 매우 명확합니다.

온라인 수업은 비교적 저렴한 가격에 검증된 강사의 체계적인 수업을 들을 수 있다는 강점이 있습니다. 이러한 장점만큼 단점도 확실한데, 바로 집중력이 약하거나 학습 의지가 강하지 않은 등, 아이의 학습에 대한 의욕이나 성향에 따라 멍하게 컴퓨터 앞에 앉아 있는 일이 될 수도 있다는 점입니다. 이는 온라인 수업을 '완강(강의를 끝까지 들음)'하는 비율이 매우 낮다는 점에서 적나라하게 드러나지요.

그리고 온라인 수업은 상대적으로 개인적인 질문이나 의문의 해결이 어렵습니다. 많은 온라인 강의 사이트에서도 이 점을 온라인 강의의 가장 큰 단점으로 인식하기 때문에 '질문 조교'를 고용하여 사이트에 '질의응답 게시판'을 마련해 두고 있습니다. 하지만 많은 아이들은 이해가 되지 않는 부분을 정확하게 글로 표현하는 일을 어려워할 뿐 아니라, 애초에 잘 모르겠는 부분을 해결하기 위해 굳이 귀찮음을 무릅쓰고 새롭게 글을 쓰고 답변을 기다리지 않습니다.

오프라인 수업, 즉 학원이나 과외는 온라인 수업과 장단점이 반대입니다. 전국 학생들을 대상으로 하는 온라인 수업에 비해 우리 동네 학교와 학생들을 대상으로 하는 오프라인 수업은 비교적 맞춤형 수업이 가능하고, 질문이나 의문을 바로 강사에게 질문해 해결할 수 있지요. 또한 학원 수업은 출결 관리가 기본이기 때문에 일종의 강제성이 있어, 온라인 수업에 비해 중도에 강의를 포기하는 일은 거의 없다고 볼 수 있습니다.

하지만 정확한 커리큘럼 계획을 통해 강의 일정을 진행하는 온라인 강의와 비교했을 때, 수업의 유동성이 크고, 함께 공부하는 그룹의 영향을 받기도 하며, 교육비가 높다는 문제를 빼놓을 수 없습니다. 또한 소위 '강사와 합'이 맞는 문제도 매우 중요한 요소이며, 강의 만족도가 수강 후기를 통해 적나라하게 드러나거나 샘플 강의가 있는 온라인 수업에 비해 수업 시작 전에 미리 강사의 역량을 파악하기 힘들다는 것도 오프라인 수업의 큰 문제점이지요.

	온라인 수업	오프라인 수업
장점	비교적 검증된 강사의 질 좋은 수업, 명확한 커리큘럼과 진도 계획 가능, 자유로운 시간/진도 계획 수립 가능, 상대적으로 저렴한 가격	비교적 지역/학교별 맞춤형 수업 가능, 질문/의문 해결이 상대적으로 용이, 학습의 강제성 부여
단점	질문/의문 해결이 어려움, 성향에 따라 집중력 차이가 많이 남, 중도 포기자 많음	커리큘럼이나 진도가 유동적, 강사 역량에 따라 만족도의 차이가 큼, 자유로운 계획 수립이 어려움, 상대적으로 비싼 가격

온라인 수업과 오프라인 수업 비교

만약 오프라인 수업을 하기로 결정했다면 이제는 수업 방식을 정할 차례입니다. 대부분 강의식(칠판 판서식) 수업이었던 예전과는 달리, 요즈음 보습 학원은 강의식 학원보다는 코칭식 학원이 훨씬 더 많습니다.

자기 주도 학습에 최적화된 코칭식 학원

코칭식 학원은 '자기 주도식 학원'이나 '일대일 과외식 학원'이라는 이름으로도 불리는데, 이 코칭식 학원의 방식을 생소하게 느끼는 사람도 많기 때문에 먼저 대략적인 방식을 소개하면 다음과 같습니다.

코칭식 학원은 기본적으로 같은 시간, 같은 강의실에서 공부하는 학생이라 하더라도 모두들 개별 교재와 진도로 수업을 합니다. 한 반에 4명이 수업을 한다고 가정해 봅시다.

학생 1: 중학교 2학년 1학기 개념 수업

학생 2: 중학교 2학년 1학기 심화 수업

학생 3: 초등학교 6학년 2학기 복습

학생 4: 고등학교 1학년 1학기 선행

이렇게 4명의 학생이 모두 다른 진도와 난이도, 교재를 사용할 수 있다는 뜻이지요.

코칭식 학원의 강의실 전경

때문에 코칭식 학원의 강의실은 일반적으로 생각하는 칠판이 있고, 학생들이 칠판을 마주 보는 모습인 강의실과는 다른 책상 배치를 가집니다. 학생들의 책상이 강사를 둘러싸고 있는 형태가 가장 대표적인 코칭식 학원의 모습이지요.

강사는 아이들마다 각각 진도를 나가고, 질문도 돌아가면서 받으므로, 기존의 학원과는 달리 같은 반에서 수업을 하는 학생들이 학년이 같을 필요도 없고, 실력이 비슷할 필요도 없으며, 같은 학교 학생일 필요도 없습니다. 코칭식 학원에서는 고등학생과 초등학생이 같은 수업 교실에서 수업을 받는 일도 가능한 것이지요.

간혹 '과외식 학원'이나 '일대일 수업'이라는 홍보 문구에 진짜 선생님과 학생 한 명이 하는 단독 개인 과외 수업이라고 생각했다가 뒤통수를 맞았다며 분개하는 학부모님도 종종 있기 때문에, 코칭식 학원의 기본적인 형태에 대해서는 미리 알고 주의해야 합니다.

하지만 코칭식 학원에서 크게 효과를 볼 수 있는 아이가 있습니다. 바로 비교적 학습 습관이 잡히지 않은 학생이지요. 이런 성향의 학생은 강의식 수업에서는 멍하게 선생님을 구경만 하고 있을 확률이 높지만, 코칭식 학원에서는 문제를 풀고 있지 않으면 바로 티가 나기 때문에 강의식 학원에 비해 시간을 알차게 쓸 확률이 높아집니다.

	코칭식 학원	강의식 학원
장점	개별 진도로 페이스 조절이 가능, 자유로운 질문이 가능	이론 수업 및 킬러 문제 풀이에 강함, 집중 및 경쟁이 가능한 구조
단점	이론 수업이 상대적으로 약함, 수업 시간을 1/N로 사용함	자유로운 질문이 어려움, 반 구성에 진도와 실력을 맞춰야 함

코칭식 학원과 강의식 학원 장단점

아이에게 맞는 학원을 찾아라

아직 자기 주도적으로 학습 계획을 짜기 힘들어하거나 학업 계획을 제대로 이행하지 못하는 학생들은 강제로라도 자습 시간(혼자 문제를 푸는 시간)을 확보해야 합니다. 이 강제성을 코칭식 학원에서는 해결해 줄 수 있는 데다가, 내가 질문을 하지 않으면 따로 질문 시간이 주어지지 않는 강의식 학원에 비해 내가 질문하는 시간이 반드시 생기는 코칭식 수업은 상대적으로 중위권 학생들의 만족도가 높습니다.

반대로 상위권 학생이나 고학년으로 올라갈수록 코칭식 수업의 한계는 명확히 드러납니다. 중위권 학생들이 질문을 통해 학습 능률을 올리고 학습 습관을 잡는 데 큰 도움이 되는 코칭식 수업은 고등학생이나 상위권 학생에게는 그다지 맞지 않습니다. 이유는 간단합니다. 고학년일수록, 그리고 상위권일수록 해결해야 하는 킬러 문제는 1문제를 풀이하는 데 족히 30분이 넘어가는 일이 비일비재하기 때문이지요.

그렇기 때문에 4~6명의 학생이 평균 2시간 동안 한 선생님을 공유하는 형태인 코칭식 학원에서는 킬러 문제를 충분히 설명하고 풀이해 줄 수 있는 시간적 여유가 부족할 수밖에 없고, 이는 상위권 학생들에게는 치명적인 약점이 됩니다. 또한 학습 습관이 이미 잡혀 있는 상위권 학생들은 과제로도 충분히 해결해 올 수 있는 문제 풀이 시간을 굳이 학원 수강 시간에 포함시킬 이유가 없지요. 따라서 문제를 미리 풀어 오는 것이 당연한 학생에게는 선생님이 다른 학생들을 봐 주고 있을 때 혼자 자습을 하는 것이 시간 낭비로 느껴질 수도 있는 것입니다.

이렇듯 요즘 학원의 수업 형태를 이해하고 자녀의 학습 스타일과 성향을 고려한 뒤, 우리 아이에게 보다 도움이 될 수업은 어떤 것인지 면밀하게 파악하여 선택해야 합니다.

실제로 교육 특구에서는 장단점이 확실한 두 가지 이상의 수업을 병행하는 일도 부지기수입니다. 강의식 학원과 개인 과외를 병행하거나, 온라인 수업과 코칭식 학원을 병행하는 식이지요.

이론 수업의 꼼꼼함을 담보할 수 있는 강의식 수업 혹은 온라인 수업으로 진도를 나가면서 개인 과외나 코칭식 학원을 통해 이론 수업에서 부족했던 질문을 채워 나가는 방식인데, 경제적인 요인을 뒷전으로 미뤄 둘 수만 있다면 가장 이상적인 방법이라 할 수 있겠지요.

공부가 쉬워지는 입시 컨설팅

입시 지도를 할 때에 공부 지도에 가장 중점을 둘 것은 우리 아이에게 맞는 학원을 분석해 보내는 것입니다. 요즘에는 다양한 교수법을 적용한 학원들이 많이 있으니 아이의 공부법, 성격에 맞는 곳에 보낼 수 있게 준비합니다.

논술이라는
또 하나의 전략

대입 원서를 쓸 날짜가 다가오기 시작하면 생각보다 많은 학생들이 새롭게 도전하는 분야가 있습니다. 바로 논술입니다.

특수한 경우를 제외하고는 대입 수시 모집에는 총 6장의 원서를 쓸 수 있는데, 수시 안에는 학생부 교과 전형과 종합 전형을 비롯해 농어촌 전형, 사회적 배려 대상자 전형, 특기자 전형과 같이 온갖 전형들이 모두 포함되어 있습니다. 논술 역시 수시 전형의 한 종류이시요.

그렇다면 어떤 학생들이 논술이라는 카드를 꺼내 들게 될까요? 크게 두 가지 케이스로 분류할 수 있습니다.

대학	교과 전형 모집 인원 비율	논술 전형 모집 인원 비율
서울대학교	-	-
연세대학교	13.8	9.1
고려대학교	20.3	-
서강대학교	10.0	9.9
성균관대학교	10.0	9.7
한양대학교	10.0	7.4
중앙대학교	9.9	9.6
경희대학교	10.2	8.9
한국외대학교	10.2	13.0
서울시립대학교	12.2	4.1
건국대학교	10.0	12.7

2023 대입에서 주요 대학의 교과 전형과 논술 전형 모집 인원 비교

1. 진짜 실력에 비해 내신 등급이 낮은 아이

특목고나 자사고가 아니라 하더라도, 지역마다 소위 말하는 '명문 고등학교'가 있습니다. 그리고 보통 이 명문고라 불리는 학교의 학생들은 3등급 이상의 상위권 싸움이 매우 치열하기 때문에, 오히려 내신 등급보다 모의고사 등급이 더 좋은 현상이 발생하기도 합니다. 즉 주요 과목의 내신 등급은 3등급에 불과한데, 모의고사 등급은 2등급이 나오는 일이 명문고에 재학 중인 학생들에게는 자주 일어나지요.

또한 꼭 명문 고등학교 학생이 아니라 하더라도, 학교의 내신 시험 스타일과 소위 '상성'이 맞지 않는 학생들도 있습니다. 보통 적은 범위를 지엽적으로 공부하는 것보다는 넓은 범위이지만 사고력을 요하는 모의고사 스타일에서 더 두각을 나타내는 학생들이 있는데, 이 경우 내신 등급보다 모의고사 등급이 월등히 좋기 때문에 학교에서는 '정시파' 학생으로 분류되기도 하지요.

이렇듯 모의고사 등급이 내신 등급보다 우수한 경우, 수능(정시)도 해 볼 만하다고 판단하기 때문에 굳이 낮은 내신 등급으로 수시에 하향 지원을 할 필요가 없습니다. 수시 6장이 모두 떨어지더라도 수능이 남아 있고, 수능 점수로 대학교를 가면 되기 때문이지요. 따라서 이 케이스에 해당하는 학생들은 내신 등급이 낮음에도 서울 주요 대학교에 '논술 전형'으로 원서를 냅니다.

논술 전형은 학생부 교과 전형이나 학생부 종합 전형과는 달리, 대부분 수능 이후에 논술 시험을 치르기 때문에 만약 내가 수능에서 대박이 났다면 논술 지원한 대학교에 그냥 응시하지 않으면 됩니다.

2. 특정 과목에 두각이 드러날 때 논술 전형으로 지원

논술을 준비하고자 하는 또 다른 케이스는 특정 과목에 능력치가 쏠려 있는 학생입니다. 현장에서 아이들을 가르치다 보면, 유독 특정 과목을 좋아하고 실제로 그 과목 점수만 월등한 아이들이 있습니다. 수학은 2등급인데 국어나 영어는 도저히 4등급에서 벗어나질 못하는 학생도 있고, 반대로 자료를 완벽하게 조합 및 해석하고 설득

력 있게 주장을 펼칠 수 있으며 논리력을 갖춘 학생이지만 수학에서 도형의 벽은 차마 넘어서질 못해서 국어와 사탐은 상위 1퍼센트이지만 수학은 평생의 목표가 3등급인 학생도 있지요.

논술은 바로 이런 학생들을 위한 전형이라고 해도 과언이 아닙니다. 대학교들이 제시하는 논술 문제는 이과 계열 학과에서는 수학과 과학 주제, 문과 계열 학과에서는 철학 등의 인문학 관련 주제이기 때문에 국어에 약한 이과 학생이나 수학에 약한 문과 학생이라 하더라도 충분히 도전해 볼 만한 가치가 있습니다.

가끔 논술 전형도 내신 등급을 반영한다는 이야기에 지레 겁을 먹고 원서를 쓰는 것을 망설이는 학생이 있습니다. 하지만 대부분의 대학교에서는 내신을 일부 반영하더라도 크게 걱정할 필요는 없습니다. 명목 반영률은 30~40퍼센트에 달하지만, 그 안을 가만히 들여다보면 실질 내신 반영률은 크게 떨어지기 때문이지요.

구분	논술시험	학생부	
		교과	출결
반영 비율(퍼센트)	70	20	10

<표1> 2023 대입 중앙대학교 논술 전형 명목 반영률

등급	1	2	3	4	5	6	7	8	9
환산 점수	10.00	9.96	9.92	9.888	9.84	9.80	9.60	8.00	4.00

<표2> 2023 중앙대학교 논술 전형 내신 등급 환산 점수표

앞의 〈표1〉을 보면 중앙대학교에서는 논술 전형에서 학생부를 30퍼센트 반영하고 있다고 말하고 있습니다. 하지만 30퍼센트는 명목 반영률일 뿐이지요. 실제 영향력을 보이는 실질반영률은 어떨까요?

이를 알기 위해서는 〈표2〉의 내신 등급 환산 점수표와 내신 등급 환산 점수 계산법을 확인해야 합니다.

우선, 학생부 30퍼센트 반영을 뜯어보면 이는 교과가 20퍼센트, 출결이 10퍼센트임을 알 수 있습니다. 이때, 출결은 무단(미인정) 결석이 1일 이하면 감점이 없기 때문에 학교생활을 성실히 한 학생이라면 걱정할 것이 없습니다. 또, 20퍼센트를 반영하는 내신 등급(교과점수)도 자세히 뜯어보면 국어, 수학, 영어, 사회, 과학 관련 교과목 중 성적(등급)이 가장 좋은 상위 5개 과목만 골라 등급을 반영합니다.

$$\text{석차등급 환산 평균점수} = \frac{\Sigma(\text{상위 5개 석차 등급 환산 점수})}{\text{반영 과목 수}}, \text{(소수 4번째 자리에서 반올림)}$$

2023 중앙대학교 논술 전형 내신 등급 환산 점수 계산법

고등 3년간 아이가 받은 가장 좋은 5개 교과목의 등급을 뽑아 보니 2, 2, 3, 3, 3등급이 나왔다고 합시다. 이 다섯 개 등급을 위의 환산 점수 계산법에 적용하면 $\frac{9.96+9.96+9.92+9.92+9.92}{5}$=9.9364점이 됩니다. 즉, 1등급이 5개인 학생과 고작해야 0.06점 정도의 차이 밖에

나지 않는 결과입니다.

이는 논술 전형에서 교과의 실질 반영률이 절대적으로 낮다는 사실을 보여 주는 사례입니다. 결국 논술 시험의 당락은 내신이 아닌 논술 시험 점수로 판가름 나기 때문에 내신 명목 반영 비율에 겁먹지 말고 자신 있게 시험에 응시하면 됩니다.

논술 준비를 하는 시기가 있다

다만 한 가지 주의할 점은 논술 전형은 학생부 교과 전형과 마찬가지로 대부분 '수능 최저 등급'을 충족하기를 요구하기 때문에, 수능 공부를 등한시하면서 논술에 몰입하는 것은 그다지 추천할 만한 전략이 아닙니다.

인문/사회 계열 논술 문제는 주로 사회탐구와 연관된 제시문을 분석하는 것이 키포인트이고, 자연 계열 논술 문제는 수능 킬러 문제와 난이도가 크게 다르지 않기 때문에 수능 준비가 곧 논술 준비라고 생각하는 마음가짐이 필요합니다.

6월 모의고사를 기준으로 최저 등급을 충족할 수 있다는 확신이 들었을 때, 논술 전형을 준비해도 늦지 않은 이유이지요. 간혹 논술 전형 준비는 최대한 빨리 준비해야 한다며 겁을 주는 학원들도 있지만, 이에 현혹되지 않기를 바랍니다. 수능 사탐 혹은 수능 수학 등급이 잘 나오지 않는데 논술 준비를 미리 한다고 좋은 결과가 있지는 않습니다.

공부가 쉬워지는 입시 컨설팅

논술은 '글쓰기 평가'가 아닙니다. 시험지 작성이나 맞춤법 연습에 목을 맬 필요가 없다는 뜻이지요. 대학교에서 치르는 논술 전형은 한마디로 요약하면 '논리력과 기초 학력 평가'이니, '모의고사와 내신 등급이 모두 안 좋아도 논술 준비 잘하면 합격할 수 있어요!'라는 광고는 조심히 접근해야 합니다.

취미형 동아리에서 학업형 동아리로

부모님들의 기억 속에 있는 '동아리'는 어떤 느낌인가요? 수능 세대인 저에게 중·고등학교 동아리는 대부분 즐거웠던 기억으로 남아 있습니다.

중학교 때는 교지 편집부와 수화 동아리에서 활동했습니다. 교지 편집부 동아리에서는 학교 안팎을 쏘다니면서 취재했는데 분기별로 한 번씩 발행되는 교내 신문 기사에 내 이름 석 자가 '기자'라는 호칭과 함께 실리면 그렇게 뿌듯했었지요. 수화 동아리에서는 동요와 가요 몇 가지를 수화로 익혀 교내 축제 무대에 오르거나, 작은 지역 축제에 초대받아 공연을 했습니다. 그때의 기억은 빛났던 추억의 한 페이지로 남아, 시간이 흐른 지금에도 그 시절을 회상하게 만듭니다.

고등학교 동아리는 어땠을까요? 모의고사를 치고 나면 교무실에 전교 등수가 순서대로 적힌 종이가 붙을 만큼 입시에 민감했던 사립 고등학교를 다녔기 때문에, 0교시부터 야간 자율 학습은 물론이고 주말 자습까지 해야만 했습니다. 동아리 활동은 이렇듯 빡빡하게 돌아가던 고등학교 생활의 숨통을 틔워 주는 창구였지요.

더운 여름날, 축제 기간이 돌아오면 없는 시간을 쪼개서 각 동아리들은 에어컨도 없는 학교 교실을 빌려 축제 준비를 시작했지요. 선후배들이 모두 모여서 우리 동아리는 무엇을 할 것인지 늦게까지 회의를 하고, 축제를 준비하느라 구슬땀을 흘리며, 다른 학교 친구들을 초대하느라 부산을 떨었던, 지금 생각해 보면 청춘, 그 말을 가장 잘 보여 주는 시간이 아니었나 싶습니다.

하지만 기성세대의 기억 속에 있는 동아리와 현재 고등학생들이 경험하는 동아리는 조금 다릅니다.

개념이 바뀐 동아리 활동

기성세대가 기억하는 고등학교 인기 동아리는 어떤 것들이 있을까요? 남녀 불문 가장 인기가 많은 동아리는 역시 축제 공연 때 두각을 나타낼 만한 댄스 팀이나 밴드 동아리일 것이고, 이외에도 방송

반이나 신문 편집부, 영화 감상 동아리나 요리부, 운동부 등이 있습니다.

선발 인원보다 가입 희망자가 더 많은 동아리들의 공통점은 학업과는 관계가 없더라도 무언가 재미난 일이 일어날 만한 동아리였지요. 아마도 다람쥐 쳇바퀴 굴리듯 늘 비슷비슷한 일상에 활력소가 될 만한 것을 동아리 활동으로 해소하고자 했던 당시 학생들의 바람이 반영된 것이 아닌가 싶습니다.

하지만 요즘 고등학생들에게 인기 있는 교내 동아리는 무엇일까요? 놀랍게도 최근 몇 년간 폭발적인 가입 희망을 자랑하는 동아리들은 대부분 영어 토론 동아리, 수학 학습 동아리, 물리 실험 동아리 같은 것들입니다. 대부분의 학교에서 더 이상 댄스 팀이나 연극부는 그다지 인기 있는 동아리가 아닙니다. 겨우 명맥만을 부지하는 학교도 많고, 아예 사라진 학교도 부지기수지요.

십여 년 사이에 대체 고등학교 동아리에 무슨 일이 있었던 것일까요? 요즘 아이들은 예전과는 달리 무대에 오르거나 취미 생활을 하기를 좋아하지 않는 것일까요?

그렇지 않습니다. 그저 요즘 고등학생들은 현실을 파악하고 받아들였을 뿐입니다. 물론 모든 아이들이 춤을 추고 싶거나 시화전을 준비하거나 케이크를 만들고자 하지는 않을 테지만, 지금처럼 거의 모든 아이들이 취미형 동아리보다는 학업형 동아리에 온 신경을 곤

두세우는 이유는 역시나 입시 제도가 바뀌었기 때문입니다.

'수시 학생부 종합 전형', 바로 이것 때문에 아이들의 학교생활이 바뀌었습니다. 간혹 현장이나 아이들을 수박 겉 핥기로 이해한 자칭 '전문가'들은 수시 학생부 종합 전형이 생긴 뒤로 아이들의 학창 시절이 예전과는 전혀 다른 모습이 되었다는 점을 간과합니다.

당연하게도 모든 입시 전형에는 장점과 단점이 공존하는데, 이 학생부 종합 전형은 장점과 단점이 모두 극단적으로 존재하기에 저 역시 필요성에는 공감하지만 한편으로는 아이들이 안쓰러워지기도 합니다.

학생부 종합 전형은 아이들의 학교생활 모든 영역을 평가의 근거로 삼습니다. 아이들의 내신 성적은 물론이고 학급에서 어떤 역할을 맡았는지, 각 수업 시간에는 무엇에 관심을 가졌는지, 봉사 활동과 진로 활동은 무엇을 했으며, 동아리는 어떤 부서에서 어떤 활동을 했는지 등입니다.

3년간 일거수일투족이 모두 학생부에 기록되며 이것으로 대학 진학의 성공 여부를 판단하는 잣대가 바로 학생부 종합 전형입니다. 그렇기 때문에 아이들은 더 이상 예전처럼 '저 동아리, 재밌을 것 같아!'라는 이유로 마술 동아리에 가입 원서를 낼 수 없습니다. 꿈이 간호사라면 생물을 공부하는 생명 실험 동아리나 보건 계열 진로 희망자의 모임인 보건 동아리에 들어가야 입시에서 유리하기 때문이지요.

입시와 연관되어 스펙이 되다

한번은 장기 동아리에 가입한 학생 하나가 동아리 지도 선생님께서 뭘 써 오라고 했다며 상담을 요청했습니다. 이야기를 들어 보니 선생님께서 학생부 기록을 위해 보고서를 써 오라고 하셨다는 것입니다. 아이와 이야기를 하며 '다음 묘수풀이에서 장기 말을 n회 움직여 승리할 수 있는 확률에 대한 탐구 보고서'를 주제로 잡았는데 상담을 마치며 나가기 전, 아이가 했던 말이 아직도 잊히지가 않습니다.

"선생님, 그런데요. 전 친구들이랑 장기 두는 게 좋아서 여기 가입했거든요. 그런데 꼭 이런 보고서를 써야 유리한 거면 뭔가 잘못된 것 같지 않아요? 동아리는 그냥 좋아서 하는 건데 이러면 수업이랑 뭐가 다른 거예요?"

순간 머리가 띵했습니다. 동아리 활동이 입시와 연관되는 그 순간부터 아이들은 동아리를 동아리 그 자체로 즐기지 못한다는 당연한 진리를 그제야 깨닫게 된 것이지요.

혹자는 입시가 전부는 아니니 그런 것 신경 쓰지 말고 즐거운 동아리 생활을 하라고 말할지 모릅니다. 하지만 동아리가 어디 나 혼자 할 수 있는 일인가요? 아이들 몇 명만 이런 생각을 가지고 있어 봐야 대세가 변하지는 않고, 대세가 변하지 않는다면 결국 '즐거운 동아리 활동'을 계획했던 아이들에게 남는 건 '남들보다 뒤처지는 스펙'일 뿐이지요.

이런 사례가 사실 학생들 대부분이 겪는 동아리의 딜레마지만, 가끔은 입시와 추억이라는 두 마리 토끼를 동시에 잡는 아이들도 있습니다.

동아리 활동이 입시에 도움이 된 사례

건축가를 꿈꾸는 아이가 있었습니다. 어릴 때부터 '내가 지은 집에서 사는 것'을 꿈꾸던 아이였지요. 길거리에서 모델 하우스 전단지를 받으면 연습장에 평면도를 따라 그리며 놀았다고 말하던 학생이었는데, 사실 전형적으로 게임 좋아하고 축구 좋아하던 남학생이라 스스로 뭔가를 찾아서 하는 스타일은 아니었습니다.

"쌤, 저 동아리 뭐 들까요?"라는 질문을 할 정도로 입시와 관련된 것이나 진로에 대한 생각은 조금 뒷전이던 아이였는데, 건축 동아리에 들어가서는 조금씩 성장하는 모습이 피부로 느껴졌습니다.

다행히 이 아이가 가입한 건축 동아리는 선배들의 주도로 꽤 다양한 활동들이 이루어지고 있었습니다. 유명한 건축물을 따라 그리기,

입체 모형 만들기 같은 간단하고 캐주얼한 활동은 물론, 건축 재료 박람회에 견학을 간다거나 다 같이 해비타트(건축 봉사 활동)에 가입해서 1박 2일로 건축 현장을 경험하기도 했지요.

1학년을 그렇게 재미나게 보내더니 2학년 때는 본격적으로 좀 더 많은 하중을 견딜 만한 구조물을 제작하면서 1등을 한 부원의 건축물이 왜 많은 무게를 견뎌 냈는지 역학적인 이유를 조사하는 등 누가 시키지도 않았는데 자연스럽게 심화 활동을 시작했습니다.

그해 여름, 아이는 담임 선생님이 추천해 주셨다며 모 대학교에서 고등학생들을 대상으로 개최하는 건축 세미나 신청서를 가져와 첨삭을 부탁했습니다. 담임 선생님의 눈에도 이 아이의 건축에 대한 흥미와 관심이 진지해 보이니 학교장 추천까지 받으며 신경을 써 주신 것이지요.

이 학생의 이야기는 비록 동아리가 입시를 위한 수단으로 전락한 지금도, 관심사에 대한 열정만 있다면 학창 시절의 추억과 성공적인 입시를 모두 다 아우를 수 있음을 보여 줍니다. 동아리 선택은 이제 어쩔 수 없이 대학 진학을 염두에 두어야 합니다. 그러나 이런 현실을 개탄하고 원망만 한다면 아이의 발전에 아무런 도움이 되지 않는다는 점을 명심해야 합니다.

공부가 쉬워지는 입시 컨설팅

학생부 종합 전형으로 동아리를 단순 '재미'만을 위해 들 수 없어졌습니다. 진로와 관련된 동아리 활동을 해야 수시에 유리하기 때문이지요. 진로와 연관되어 수시에 도움이 되는 전략을 짜 보시는 것도 좋겠습니다.

◆ 입시 가이드 5 ◆

동아리, 왜 중요한가요?

1. 고등학교 인기 동아리

주요 과목 관련성이 높은 동아리가 제일 인기가 많습니다. 그다음은 진로와 관련성이 높은 동아리, 그다음은 취미와 관련된 동아리 순입니다. (예: 영어 토론 동아리 > 교육 봉사 동아리 > 베이킹 동아리)

2. 고등학교 동아리 부원의 선발

· 매년 3월, 2~3학년의 의논을 통해 신입 부원을 선발합니다.
· 인기 있는 동아리는 서류 심사(자기소개서 등), 면접, 테스트 시험 등을 보기도 합니다.
· 매년 동아리는 변경할 수 있습니다.

3. 공식 동아리 대 자율 동아리

· 고등학교 동아리는 공식 동아리와 자율 동아리로 구분됩니다.
· 자율 동아리는 2005년생부터 대입에 반영되지 않기 때문에 주의해야 합니다.
· 공식 동아리에서 활동한 내용은 동아리 지도 선생님이 학생부에 기록합니다.

6장

"10년 뒤를 내다보는 아이 공부 전략"

입시 활용법

자기 PR 시대,
꿈은 구체적으로 표현하기

저는 학생 상담 중에 진로가 확실한 아이들에게는 "왜 그 꿈을 가지게 되었니?"라는 질문을 던지고는 합니다. 진로를 희망하는 이유가 구체적이면 구체적일수록, 실제 진학 성공률이나 학업 성취율이 높아지기 때문이지요.

예를 들면 이런 경우입니다. 고등학교 입학 전부터 육군사관학교를 가고 싶다던 아이가 있었습니다. 보통 사관학교를 희망하는 학생들은 해군사관학교나 공군사관학교도 붙으면 가겠다는 경우가 많기 때문에 "다른 사관학교에도 관심이 있니?"라고 물었는데 단호하게 "아니요. 저는 무조건 육사 갈 거예요"라는 대답이 돌아왔지요. 열여섯 살짜리 어린 학생이 하도 단호하게 얘기하기에, "왜 꼭 육사여야만 하니?"라고 물었는데 돌아온 대답은 다음과 같았습니다.

"선생님, 제가 군인이 되려고 하는 이유는 별 한번 달아 보고 싶어서 그런 거거든요? 그런데 알아보니까 해군이나 공군으로는 별 달기가 쉽지 않겠더라고요. 그래서 전 무조건 육사 갈 거예요. 남자가 군인이 되겠다고 했으면 장군 소리 들으면서 호령 한번 해 봐야 되지 않겠어요?"

오랜만에 들은 노골적인 욕망이었습니다. 하지만 동시에 '아, 얘는 육군사관학교 가겠구나'라고 직감했지요. 경험에 따르면, 이렇게 솔직하고 노골적인 욕망을 가진 아이일수록 원하는 것을 손에 넣을 확률이 높았습니다. "명문대에 진학해서 우리나라 공학계에 이바지하고 싶다"라고 말하는 아이들보다, "명문대 가서 명절 때 우리 엄마 기 살려 주고 싶어요"라고 말하는 아이들은 어떻게든 처음에 말했던 목표와 비슷하게라도 꿈을 이루어 냈지요. 막말로 우리나라 공학계야 어떻게 되든지 말든지 간에 내 개인적인 욕망에 충실하면, 무슨 일이든 이루고 싶지 않겠어요?

실제로 별 달고 싶다고 말하던 아이는 기어이 육군사관학교에 진학하는 데 성공했습니다. 중간중간 내신 성적이 곤두박질친 적도 있었고, 슬럼프가 와서 다 때려 치겠다며 게임에 빠진 적도 있었으며,

친구들과 불화가 생겨 심적으로 힘든 시기를 보내기도 했습니다.

중간에 위기가 있었기 때문에 학교에서 추천장을 받지 못하리라 생각했지만, 어떤 역경과 고난이 있었을 때도 "난 육사 갈 거야. 무슨 일이 있어도 별 달 거야!"라는 말을 입버릇처럼 하던 아이를 기특하게 생각한 학교에서는 이 아이에게 과감하게 추천장을 내주었습니다. 하늘은 스스로 돕는 자를 돕습니다.

사소한 꿈도 구체적으로 말하게 하라

그러니 꿈은 사소하더라도 구체적이어야 합니다. 거창하고 진지한 꿈일수록 아이는 자신이 꿈꾸는 미래에 대해 말하기를 주저합니다. 진지한 아이는 또래에게 인기가 없을 뿐 아니라 그 자체가 놀림거리 또는 별명거리로 전락하기도 해서 사춘기를 겪는 중·고등학생들은 더더욱 노골적이고 사소한 욕망을 가져야 합니다.

"에이, 그게 뭐야!" 소리가 절로 나오는 사소한 바람이나 있는 그대로를 숨김없이 드러내는 욕심은 그 나이대 아이들에겐 솔직해서 좋다는 반응을 이끌어 내지요.

그렇기에 오히려 꿈이 구체적일수록, 욕망이 노골적일수록 아이들은 자신의 희망을 반복적으로 피력하는 데 주저함이 없어지며, 자기 PR이 강할수록 입시에 도움이 되는 지금의 대입 프로세스에서 다른 친구들보다 주위의 도움을 많이 받는 것이 가능해지지요.

그래서 저는 아이들에게 농담 반, 진담 반으로 이런 이야기를 합니다. 소프트웨어 개발자를 꿈꾼다면, 우리나라 4차 산업을 이끌 인재가 되겠다는 막연한 포부보다는 차라리 테슬라나 애플도 군침 흘리는 소프트웨어를 개발해서 크게 한탕 땡기고야 말겠다는 적나라한 말이 훨씬 멋있다고 말이지요.

공부가 쉬워지는 입시 컨설팅

아이에게 동기 부여를 하고 이끌어 주어야 하는 가장 큰 이유는 목표를 구체적으로 설정하고 이루는 법을 알려 주기 위함입니다. 이는 아이와 꿈, 진로, 입시에 대해 어릴 때부터 이야기하고 코칭 하는 엄마가 되기 위한 첫걸음입니다.

성적을 읽어 내는 힘이 필요하다

내 아이의 성적표에 B라는 알파벳이 찍혀 있다면, 어떤 반응을 보일 것 같나요?

칭찬이든 격려든 하기 전에 우리는 먼저 중학교와 고등학교의 성적 체계를 제대로 알아야 합니다. 먼저 중학교의 성적 체계입니다. 중학교는 기본적으로 절대 평가를 원칙으로 합니다. 즉, 등수와는 관계없이 점수에 따라 A인지, B인지가 정해지지요. 중학교의 성적 체계는 부모 세대에게 익숙한 '수우미양가'와 거의 동일하다고 봐도 크게 다를 것이 없습니다. 5분위 성적 체계를 채택하고 있기 때문에 예전의 '수우미양가'가 'ABCDE'로 바뀐 것뿐이지요. 90점이 넘으면 모두 A, 80점이 넘으면 모두 B입니다.

다만 요즘은 수행 평가 비율이 높기 때문에 어른들에게 익숙한 지필 고사 시험 성적만으로 아이의 최종 성적이 결정되지는 않는다는 점만 주의하면 됩니다. 보통 지필 고사 50퍼센트에 수행 평가 50퍼센트를 합치거나, 지필 고사 70퍼센트에 수행 평가 30퍼센트를 합치기도 합니다. 이 비율은 과목마다, 학교마다 다릅니다.

하지만 성적 체계가 동일하다고 실제 체감되는 성적의 우수함의 정도도 같을까요? 그러니까 예전의 '우'와 현재의 'B'가 비슷한 정도로 우수하다는 것을 의미할까요? 저는 이에 대해 심각한 의문을 가져야 한다고 누누이 말합니다.

다음의 자료는 수도권에 있는 모 공립 남녀 공학 중학교의 실제 성적 분포 비율을 나타낸 표입니다. 앞서 말했듯이 90점을 넘어야 A를 받는데 A를 받는 비율을 보면, 적게는 20퍼센트에서 많으면 전교생의 약 60퍼센트가 A를 받았다는 사실을 확인할 수 있습니다.

과목	1학기						
	평균	표준편차	성취도별 분포 비율				
			A	B	C	D	E
국어	80.9	13.9	30.3	31.2	22.6	9.5	6.5
도덕	74.1	17.2	19.9	23.1	23.7	16.6	16.6
사회	87.2	16.9	27.9	30.6	16.6	10.1	14.8
역사	77.7	20.3	39.5	17.8	14.8	9.8	18.1
수학	82.6	21.9	59.9	9.2	9.5	5.3	16.0
과학	78.5	20.3	41.5	17.8	14.8	8.3	17.5

수도권 내 중학교의 성적 분포 비율

절대 평가에서 주어진 B의 재평가

과연 이 학교만 이렇듯 A를 '퍼 주고 있는' 것일까요? 그렇지 않습니다. 최근 우리나라 대부분의 중학교에서는 시험이 점점 더 쉬워지는 추세인데, 이는 수행 평가의 비율이 높아지는 데다가 시험이 없는 자율 학기제가 확대되면서 아이들의 평균적인 학습 능력이 계속해서 저하되고 있다는 사실과 함께 보아야 합니다. 수행 평가는 대부분 노트 검사 등 실제 해당 과목의 학습 성취와는 그다지 관계가 없는 내용으로 이뤄지고 있는 데다가 중학교 1학년 전체가 자율 학기제로 확대되는 등, 기초 학력 저하 문제가 심각해지고 있어 중학교에서는 시험을 어렵게 낼 수 없는 처지가 되어 버린 것이지요.

게다가 알음알음 '전 과목 평균이 몇 점이라 전교 몇 등이야' 하는 식으로 등수를 아는 경우도 있지만, 공식적인 성적표(학생부)에 등수가 더 이상 기록되지 않는 절대 평가이기 때문에 중학교 시험은 말 그대로 변별력이 없는 시험이 되고 있는 것입니다.

즉, 2번째 우수 등급인 '우'만 받아도 꽤나 모범적이고 우수함이 보장되었던 예전의 성적 체계와는 달리 현재의 중학교 'ABCDE' 5분위 성적 체계에서 B 성취를 받았다는 것은 우리 아이가 50퍼센트 안에도 들지 못했다는 이야기일 수도 있다는 것이지요.

물론 반드시 상위권에 들어야 할 이유는 없습니다. 하지만 중학생에서 고등학생이 된 다음, 그러니까 절대 평가에서 본격적인 상대 평가로 바뀌는 지점에 들어서서 50점이 안 되는 성적을 받아 온 아이를 두고 '우리 애가 중학교 때는 그래도 B는 받았는데…' 하고 분통을 터뜨리며 아이에게 공부도 안 하고 뭐 했냐며 호통을 쳐서는 안 된다는 것이지요. 중학교의 B와 고등학교의 50점은 사실 등수로 따지면 동일선상에 있는 것이라 실상 아이가 게으름을 피운 것이 아니기 때문입니다.

중학교와 고등학교의 성적 산정 방식(절대 평가 VS 상대 평가)을 알지 못하거나 혹은 이해하고 싶어 하지 않는 부모를 보는 자식의 심정은 어떨까요?

"아니, 선생님. 우리 아빠는 중학교 때는 평균만 해도 잘하는 거라고 했으면서 고등학교 와서는 왜 50점밖에 못 받느냐고 매번 화를 낸다니까요? 우리 학교 평균이 40점인데…. 평균 얘기하면 듣지도 않아요."

이건 고등학생들이 시험이 끝난 뒤에 종종 하는 말인데, 이 속에 담긴 속상함과 억울함을 읽을 수 있으신가요?

입시를 알아야 아이의 성적이 보인다

아이들이 바라는 부모는 시험을 못 치거나 성적이 나빠도 무작정 "잘했어, 다음엔 잘할 거야"라고 격려하는 부모가 아닙니다. 또는 아이들을 훈육할 때 잘못된 입시 개념을 가지고 얘기를 해 봐야 아이들은 '엄마, 아빠는 아무것도 모르면서…' 하며 반항심과 적개심만을 가지게 될 뿐이지요.

30년 전 과거에 자신이 겪었던 경험을 기준으로 현재를 살고 있는 아이들의 모습을 평가해서는 안 됩니다. 강제로 야간 자율 학습을 하던 모습, 0교시를 위해 졸린 눈 비비며 등교하던 과거는 없습니다. 원 점수보다 등수가 중요하다거나, 지필 고사만큼 중요한 것이 조별 과제로 나온 영상 제작이라는 것을 이해해야 합니다. 수행 평가 설문 조사를 하러 간다며 주말마다 도서관 대신 친구를 만나러 가는 아이에게 "너 대체 공부는 언제 할래?"라며 타박을 하는 건 우리가 그렇게 경계하는 '꼰대'가 되는 지름길이라는 것을 명심해야 합니다.

공부가 쉬워지는 입시 컨설팅

중학생 때 B라는 성적을 받았다면 좋은 성적임이 분명합니다. 하지만 중학교 교육 제도 내에서는 변별력이 없을 수 있습니다. 반드시 A일 필요는 없지만, B라는 점수가 높은 점수가 아닐 수 있다는 점을 부모님이 인식하고 안 하고의 차이가 있다고 생각합니다.

아이의 든든한 입시 조력자가 되어야 한다

저는 입시 컨설턴트로 활동하면서 주로 학생이나 학부모님들과 이야기를 나누지만, 학원 강사나 학원 원장들처럼 사교육 최전선에서 서로 다른 상황의 아이들을 가르치고 있는 선생님들을 대상으로 입시 교육을 하기도 합니다.

학부모들은 이런 이야기를 들으면 "사교육 강사들도 입시를 잘 몰라요?"라고 반문하는데, 수업을 준비하기도 바쁜 강사들이 매번 변하는 입시에까지 통달해 있기란 생각보다 쉽지 않습니다.

하지만 그럼에도 많은 강사나 교사들은 끊임없이 변하는 교육 환경에 따라 아이들에게 보다 나은 조언을 해 주고 싶다는 일념 하나로 잠을 줄여 가며, 비용을 들여 가며 입시 교육을 찾아서 듣습니다.

입시 교육을 마치고 선생님들에게 꽤나 자기 고백적인 한탄을 듣는 경우가 많습니다. 대부분 같은 이야기지요.

잘 가르치기만 해서는 안 되는 입시

"잘 가르치기만 하면 되는 줄 알았어요"라는 것이 그 후회의 본질입니다. 틀린 말은 아닙니다. 사교육 시장에 나와 있는 강사 및 원장에게 학생과 학부모가 바라는 첫 번째는 성적 상승이 분명합니다. 따라서 수업만 잘한다면 소위 말하는 '수강료 값'은 하는 셈이지요.

그런데 왜 전국의 수많은 강사들이 결코 적지 않은 돈과 시간을 들이며 입시 교육을 받고 세미나를 듣고 공부를 하고 있을까요? 그런다고 수강료를 더 받거나 상담료를 받을 수는 없는 일인데요.

꽤나 시니컬한 사람들은 이를 두고 '자기 경쟁력을 확보하기 위한 것 아니겠어?'라고 실소하지만, 적어도 제가 교육 현장에서 본 강사들의 마음가짐은 이런 속물적인 이유가 아니었습니다.

강사들은 10대 아이들과 어쩌면 부모님보다 더 많은 대화를 나누는 사람들입니다. 자연히 학생들과 친밀감을 형성하며 부모보다 더 두터운 신뢰를 쌓는 경우가 종종 있는데, 그러다 보면 아이들이 가진 진짜 진로에 대한 고민과 미래에 대한 불안을 알게 되는 것이지요.

이 나이대의 아이들이 가진 고민에 대한 조언을 하기 위해서는 필연적으로 입시를 알아야만 하기 때문에 많은 강사들은 부모가 지불하는 '수강료 값'을 하기 위해서가 아니라, 아이들의 고민을 해결해 주고 싶다는 일념으로 자신의 돈과 시간을 써서 강의를 들으러 오는 것입니다.

최근 온라인으로 전국의 원장님들을 대상으로 입시 강의를 진행하고 있는데, 그중 한 원장님께서 올려 주신 후기가 제 눈길을 끌었습니다.

"입시 강의를 듣고 고등학교 올라갈 아이들에게 '입시는 이런 거다' 설명해 주었습니다. 아이들도 눈을 반짝이며 듣더라고요. 아이들에게 쌤이 이런 정보 더 알아 오겠다며 약속했어요."

비슷한 시기, 또 다른 선생님에게 장문의 메일을 받기도 했지요.

"저는 중고등학생을 가르치는 학원 강사입니다. 학생들과 대화를 하다 보면 시시콜콜한 것까지 제게 물어보는 아이들이 많았어요. 작게는 학교에서 과목 선택을 할 때 어떤 과목이 자신에게 유리할지 묻는 것부터, 크게는 어떤 대학교의 어떤 학과에 가려면 어떤 전략을 짜는 것이 좋을지 등등 말이에요. 하지만 전 그때마다 아이들에게 제대로 대답을 못해 줬어요. 부끄럽지만 '선택 과목 이수제'로 고등학교 교육 과정이 바뀌었다는 것도 제대로 몰랐거든요. 수시에는 어떤 종류가 있는지, 요즘 대학교들은 수능으로 얼마나 아이들을 뽑는지도 몰랐어요. 그저 내신 준비하다가 안 되면 수능으로 대학교 가야지 정도밖에는 해 줄 말이 없더라고요. 바뀐 입시를 모르니 매번 20년 전 제가 겪었던 입시 얘기를 해 줄 수밖에 없었는데 너무나 후회가 됩니다."

아이들의 고민을 함께 나누기 위한 앎

이 선생님은 자신의 지난 조언들이 부끄럽다며 연신 후회하는 말을 쏟아 냈습니다. 아마도 아이들에게 현실에 맞는 제대로 된 조언을 해 주지 못했다는 회한의 감정 때문이었을 것입니다.

학생들이 가진 고민을 공유하고 조언해 주려 애썼지만 '아는 것이 없어서' 20년 전의, 지나도 한참 철이 지나 버린 자신의 묵은 경험담을 꺼내야만 했던 선생님의 후회였지요.

사실 이건 남의 일이 아닙니다. 부모들 대부분도 이 후회의 과정을 겪었고, 겪는 중이며, 겪을 것입니다. 그 누구도 이런 강사와 부모에게 손가락질을 할 수는 없습니다. 사실 이미 열아홉, 스무 살 때 다

끝난 입시를 마흔이 되고 쉰이 되어서도 계속해서 관심을 가질 수 있을까요? 직업적 특수성을 가진 어른을 제외하고는 입시에 무지했던 것은 결코 부끄러운 일이 아닙니다.

하지만 무지가 부끄러운 일이 아니라고 해서, 앞으로도 계속 몰라도 된다는 뜻은 아닙니다. 다시 강조하지만, 입시를 알자는 이야기는 모든 부모가 '명문대에 목숨 거는' 상황을 만들자는 것이 아닙니다. 그저 아이들이 가진 고민을 함께 나눌 수 있을 정도의 지식은 가지고 있자는 것이지요.

공부가 쉬워지는 입시 컨설팅

좋은 것만 주고 싶은 것이 부모의 마음이라는데, 내 아이가 성인이 되는 첫 발자국을 내딛는 시점에서 조언을 구하는 상대로 부모를 배제한다는 것은 얼마나 슬픈 일인가요? 학원 선생님도 관심이 없으면 잘 모르는 입시, 어디서도 조언을 얻지 못하는 상황이 되지 않도록 내 아이를 위해서 부모는 입시를 반드시 알아야만 합니다.

과도한 입시 정보는 맹신하지 않는다

수년 전까지만 해도 교육 특구 일부에서나 통용되던 '돼지 엄마'라는 단어가, 이제는 많은 학부모들에게 꽤 익숙한 용어로 자리 잡았습니다.

새끼 돼지들을 맹목적으로 이끌고 다니는 것처럼 주위에 학부모들을 몰고 다니는 '영향력 있는' 학부모를 지칭하는 돼지 엄마는 고학년이 될수록 그 힘이 막강해집니다. 돼지 엄마의 힘은 '성취도 높은 자식'과 그런 성취를 만들어 낸 '정보력'에서 나옵니다. 이런 엄마 주위에 몰려 있는 학부모들은 소위 말하는 엄친아, 엄친딸인 자녀처럼 우리 아이도 그렇게 키우고 싶다는 열망으로 정보에 매달리게 되지요. 그 정보라는 것은 주로 학원가에서 통용되는 힘입니다.

정보력 최강자 엄마의 특성

콧대 높은 학원 원장이나 번호를 구하기도 어려운 족집게 과외 강사에게 팀을 짜서 수업을 받게 해 주거나, 타 지역에서 이름난 강사의 우리 지역 출강을 성사시키는 것과 같은 일을 선봉에서 주도하며 돼지 엄마는 자신의 열렬한 팬덤을 구축합니다.

사교육계에 종사하는 제 입장에서만 보면, 이런 돼지 엄마를 잘만 이용한다면 모두가 윈윈할 수도 있으나 실제로 돼지 엄마와 추종자들의 말로를 보면 그 끝이 그다지 아름답지는 않은 경우가 많습니다.

이유는 간단합니다. 돼지 엄마는 결코 그들의 추종자를 위해서 발 벗고 나선 사람이 아니기 때문이지요. 그들이 콧대 높은 유명 학원장의 소수 정예 직강 수업을 따낼 수 있었던 이유는 학원과 돼지 엄마 사이의 이익이 맞아떨어진 결과일 뿐입니다.

학원은 평균적으로 우수할 것으로 예상되는 돼지 엄마 그룹의 아이들을 묶어, 더 높은 수강료를 받고 홍보 효과를 볼 수 있다는 판단을 했을 것이고, 돼지 엄마 입장에서는 내 입맛에 맞는 아이들을 골라 묶은 뒤 '우리 아이'를 중심으로 독과외보다 훨씬 저렴한 가격에 수업을 받을 수 있으니 이보다 더 좋은 일이 어디 있을까요?

실제로 저의 학원에도 이런 제안이 가끔 들어오는데, 그 문의 과정은 '이런 프로세스를 알려 주는 책이 있나?' 싶을 정도로 유사합니다.

정보에 빠삭한 엄마들이 학원에 제안을 넣을 때는 다음과 같은 몇 가지 특징이 있습니다.

1. 원장이나 강사의 프로필을 굳이 물어보지 않는다

그 정도야 이미 알아보고 온 상태이기 때문에 굳이 상담을 하며 강사를 시험하지 않습니다. 또한 일반적으로 미디어에서 자주 묘사되는 것과는 달리 매우 공손한 자세를 유지하는 분들이 많았습니다. 애초에 내 자녀에게 필요하다고 판단한 상태이기 때문에 강사와 기싸움을 할 이유가 없는 것이지요.

2. 기존의 클래스에는 관심이 없다

이들이 원하는 건 자신의 자녀 맞춤형 수업입니다. 따라서 기존 학원에서 계획하고 있는 커리큘럼이나 이미 있는 클래스에는 아무런 관심도 없습니다. 자신이 꾸려 오는 팀을 위한 새로운 반이 개설될 수 있는 시간대가 있는지 관심이 있을 뿐입니다.

3. 원하는 수업은 철저하게 자신의 자녀에게 필요한 커리큘럼이다

보통 돼지 엄마들은 자녀의 수업 계획이나 성취도, 목표가 명확하기 때문에 원하는 수업도 매우 구체적으로 이야기합니다.

"지금 우리 애가 중학교 3학년인데, 고등학교 2학년 모의고사까지는 1~2등급이 번갈아 나와요. 특히 문법이 좀 약해서 문법 난이도에 따라 성적이 갈리네요. 문법을 중심으로 확실하게 정리가 됐으면 하고, 앞으로 고등학교 입학 전까지 고등학교 3학년 모의고사 1등급을 받고 싶은데 가능할까요?"라고 묻는 식입니다.

그래서 이런 상담을 하다 보면 늘 의문이 들었습니다. '지금 이게 독과외 상담인가?' 하는 생각이 들었기 때문이지요. 돼지 엄마들과의 상담은 그래서 늘 개운하지 못합니다.

분명 팀 수업을 원한다고 하는데 상담 과정 어디에도 다른 아이들의 이야기는 없습니다. 처음부터 끝까지 자신의 자녀 이야기뿐이지요. 같은 팀을 꾸릴 아이들에 대한 정보를 슬며시 물어보면, "비슷한 아이들이에요" 또는 "선생님이 힘들지 않을 아이들로 모아 올게요"라는 식의 답변만 돌아옵니다.

원장 모임에서 이 주제에 대해 이야기를 나눌 기회가 있었는데, 그때 몇몇 원장님들이 공감을 하며 경험을 나눠 주셨지요. 그중 가장 씁쓸했던 이야기는 이러합니다.

"물론 그렇게 꾸려진 팀들 중에 이득을 보는 애들도 당연히 있지. 돼지 엄마들이 모아 오는 팀은 일단 성적으로 커트하니까 분위기 좋거든. 그런데 실은 그렇게 온 팀에 몇몇 애들은 그전 선생님이랑 훨씬 잘 맞는 경우도 있어. 엄마들이 그걸 모르는 거지. 돼지 엄마가 하는 게 다 좋아 보이니까 강제로 기존 선생이랑 이별시키고 오는데 그럼 난장판이 되는 거야."

맹신하지 않는 판단력이 필요하다

아이들은 머리가 커질수록 자신의 관계를 스스로 만들고자 합니다. 초등학교 때까지는 부모가 자녀의 교우 관계에 어느 정도 개입하고 영향력을 미칠 수 있지만, 사춘기가 시작되면서부터는 자녀의 친구에 대해 더 이상 손쓸 수 없는 것이 대표적인 예지요.

당연히 중학교 고학년에서 고등학생쯤 되면 '학원 선생님'을 스스로 선택하고 싶어 합니다. 실제로도 그 나이쯤 되면 자신과 맞는 선생님을 학부모보다 아이들이 훨씬 더 빨리 알아차리지요.

열일곱 살쯤 된 아이들이라면 벌써 거쳐 온 선생님들이 학교, 학원을 통틀어 세 자리 수에 가까운 경우도 많으므로 생각보다 아이들의 판단이 훨씬 정확합니다.

그런데 돼지 엄마를 맹신하는 일부 학부모들은 자녀의 결정과 판단, 신뢰 관계는 아랑곳하지 않고 그저 '팀에 끼워 준다니 다행이야!'

라는 마인드를 앞세워 '이번이 얼마나 좋은 기회인 줄 아느냐'며 불만 가득한 자녀를 다그칩니다. '자녀의 성공적인 입시'라는 목적보다 돼지 엄마의 영향력이라는 '수단'을 앞세우는 우를 범하고 말지요.

정보가 빠른 '맘'들을 무조건적으로 경계하라는 뜻은 아닙니다. 하지만 수단과 목적을 혼동하는 일은 없어야 합니다. 내 자녀의 입시뿐 아니라 아이와의 신뢰를 위해서라도 말이지요.

공부가 쉬워지는 입시 컨설팅

내 아이의 공부, 성적, 입시를 위해 수단과 목적을 잘 구분하는 태도가 중요합니다. 좋은 대학교에 진학하는 것이 아이의 성공적인 미래를 보장하는 것이 아니듯, 입시 자체를 목적으로 삼아서는 안 될 일입니다. 내 아이가 어떻게 공부해야 하는지, 어떤 공부를 중점으로 해야 하는지 살피고 돕기 위해 입시를 아는 것임을 잊지 마세요.

진로 전략가 부모가 아이를 꿈꾸게 한다

어느 날, 온라인으로 질문 하나가 도착했습니다. 이전에 진행했던 입시 강의를 통해 알게 된 한 원장님께서 원생 아이들의 진학 지도를 위해 저의 블로그를 방문했다가 자녀의 진학 고민까지 털어놓은 것이지요.

"고등학교 2학년 올라가는 아들이 축구 전략 분석가가 꿈이라네요. 며칠 전 강의에서 진로와 연관된 과목을 선택해서 이수하는 게 중요하다고 하셨는데, 축구 전략 분석이 도대체 어떤 과와 연계되는지도 모르겠습니다. 누구에게 물어봐도 명확하게 답변을 들을 수가 없다 보니 아이도 공부 목표가 없다고 하고…."

부모가 진로에 대한 정보가 부족할 때

최근 아이들과 진로 및 진학에 대한 이야기를 자주 나누는 학부모님들이 자주 겪는 고민 중에 하나가 바로 이것입니다, 아이의 진로가 꽤 명확하고 구체적인데, 부모 세대에는 존재하지 않았던 직업이나 분야인 탓에 조언을 해 주고 싶어도 무슨 말을 할 수가 없다는 한탄 말이지요.

위의 질문을 해 왔던 어머님 역시 아이의 목표 설정에 도움이 되기 위해 나름대로 이것저것 알아보셨지요. 하지만 키워드를 '체육'으로 잘못 맞춘 탓에 '우리 애가 하고 싶은 건 실기 쪽은 아닌 것 같은데…' 라는 생각에 답답함만 가중되었다고 합니다.

아이가 이야기한 스포츠 전략 분석은 대표적인 4차 산업 핵심 분야 중 하나로, 관련 학과로 성균관대학교에는 스포츠과학과, 한양대학교에는 스포츠산업학과, 서울시립대학교에는 스포츠과학부 등이 신설되었습니다.

이런 스포츠 관련 학과들은 입학 정원의 대다수를 일반 성적 우수자들로 뽑기 때문에 '체대'와는 구분해야 합니다. 또한 해당 학과들은 입학 후 실기 중심으로 공부하는 것이 아니라, 스포츠 산업에서 활약할 인재들을 양성하겠다는 목표하에 통계학, 경영학, 생체역학 등을 종합적으로 가르칩니다. 따라서 해당 학과를 목표로 하는 학생이라면, 고등학교 때 통계, 물리, 생명 관련 교과목을 중심으로 수업을 이수하는 것이 유리하지요.

	대학교	신설 학과
1	연세대학교	인공지능학과
2	고려대학교	반도체공학과 융합에너지공학과 데이터과학과 스마트보안학부 차세대통신학과
3	서강대학교	시스템반도체공학과
4	경희대학교	빅데이터응용학과 인공지능학과 스마트팜과학과
5	한양대학교	스포츠산업과학부
6	이화여대학교	인공지능전공
7	국민대학교	AI빅데이터융합경영학과 인공지능학부 미래모빌리티학과 AI디자인학과
8	동국대학교	AI융합학부
9	서울과학기술대학교	지능형반도체공학과 미래에너지융합학과
10	가톨릭대학교	글로벌미래경영학과
11	계명대학교	스마트제조공학전공 실버스포츠복지전공 웹툰전공
12	가톨릭대학교	바이오메디컬소프트웨어학과
13	세한대학교	반려동물관리학과
14	순천향대학교	메타버스&게임학과
15	고려대 세종학교	표준지식학과

대학교에서 새로 신설된 학과들

위의 사례와 같은 일은 생각보다 꽤 많습니다. 매체가 발달하면서 아이들은 아주 어렸을 때부터 다양한 직업에 대해 인식하고 있습니다. 다양한 분야에서 활약하는 사람들을 SNS를 통해 접하면서 꿈이 세분화되는 것이지요.

3D 지도 모델링 공학자, 불교 미술 전문 복원 전문가, 인공 지능 차량용 소프트웨어 개발자, 공정 여행 전문 사업가, 제3세계 아동 복지를 돕는 스타트업 경영자, 범죄 미세흔 전문가 등등의 직업들은 불과 1년 사이에 저와 상담을 한 아이들이 가지고 있는 장래 희망입니다.

뉴스에서는 요즘 애들은 꿈이 없다며, 모두들 유튜버 스타를 꿈꾸는 것처럼 10대 청소년을 평가 절하하곤 하지만, 이렇듯 구체적인 목표를 가지고 미래를 준비하는 아이들도 적지 않음을 부모들은 깨달아야 합니다.

공부가 쉬워지는 입시 컨설팅

세상은 바뀌고 있고 아이들도 바뀌고 있으며, 이에 화답하듯 대학교들도 바뀌고 있습니다. 새로 나타나는 산업 분야에 맞춰 명문 대학교를 중심으로 새로운 학과들이 신설되고 있는데, 그 분야가 점차 세분화되고 있기 때문에 진로가 구체적인 아이들일수록 준비는 명확해집니다.

따라서 우리 아이가 꿈꾸는 진로가 근시일 내에 각광받기 시작한 신산업 중심이라면, 전통적인 분류의 학과뿐 아니라 신설된 학과 전공 역시 함께 살펴야 올바른 진로 지도가 가능할 것입니다.

◆ 입시 가이드 6 ◆

미래의 일자리와 관련 학과, 뭐가 있나요?

	직업	기술
1	사물인터넷 전문가	무선통신, 프로그램 개발 등
2	인공지능 전문가	인공지능, 딥러닝
3	빅데이터 전문가	빅데이터
4	가상(증강, 혼합)현실 전문가	가상증강현실
5	3D프린터 전문가	3D프린팅
6	드론 전문가	드론
7	생명과학 연구원	생명공학, IT
8	정보보안 전문가	보안
9	소프트웨어 개발자	ICT
10	로봇공학자	기계공학, 재료공학, 컴퓨터공학, 인공지능 등

출처: 한국고용정보원

1) 인공지능 기술 관련 학과와 일자리

· 컴퓨터공학: 인공지능은 컴퓨터 소프트웨어 기술을 사용하여 개발하므로 컴퓨터 프로그래밍 전문가가 반드시 필요합니다.

· 인지심리학: 인지심리학은 사람이 느끼고, 생각하고, 기억하고, 대화하고, 문제를 해결하는 과정을 과학적으로 연구하는 학문입니다. 인공지능은 사람의 뇌가 동작하는 것을 흉내 내는 것에서 시작하므로 인지심리학자의 참여가 필요합니다.

· 그 밖에도 전자공학 등, 정보통신 관련 학과도 인공지능 분야에서 일할 수 있습니다.

2) 로봇 기술 관련 학과와 일자리

· 기계공학: 로봇은 아주 정밀한 기계 장치이므로 기계공학자들의 로봇 개발에 핵심적인 역할을 담당하고 있습니다.
· 로봇공학: 요즘은 로봇공학과가 있는 대학교들이 많이 생겨나고 있습니다.
· 전자공학, 컴퓨터공학: 로봇의 조종은 모두 정보통신기술을 이용하여 개발하고 있습니다.
· 최근에는 점점 로봇과 인공지능 학과의 구분이 없어져 가고 있습니다. 앞으로 새로운 학과가 많이 생겨날 것입니다.

3) 드론 기술 관련 일자리

① 드론이 만들어 낼 직업들

· 드론 조종사: 완전 무인으로 움직이는 드론도 생기겠지만 사람이 카메라로 관찰하면서 조종해야 하는 드론도 많을 것입니다.
· 드론 정비사: 앞으로는 지금의 자동차와 마찬가지로 집집마다 드론을 한 대씩 가지고 있는 시대가 올 것입니다. 따라서 자동차 정비 센터처럼 드론 정비 센터가 많이 등장할 것입니다.
· 이벤트 기획자: 드론을 이용한 레이저 쇼 같은 방법을 이벤트나 광고에 활용하는 직업이 많이 등장할 것입니다.
· 기상 감시 요원: 태풍이나 폭우와 같은 기상 상태를 감시하면서 피해를 줄여 줄 수 있는 전문 분석가들이 활약할 것으로 예상됩니다. 또는 가뭄과 같은 기상 이변 상황도 드론을 이용해 파악하게 될 것입니다.

② 드론이 사라지게 만들 직업들

· 배달과 관련된 직업: 택배, 우편 배달 등과 같이 물건을 배달하는 직업은 드론이 빠른 속도로 차지할 것입니다.
· 현장 조사와 관련된 직업: 지질학자, 다큐멘터리 사진기자와 같이

위험한 현장을 방문하여 조사하는 직업들은 드론이 더 안전하고 빠르게 처리할 수 있을 것입니다.

- 감시 직업: 우리나라와 같이 산이 많은 나라는 산불 감시 같은 일에 드론을 사용하면 매우 효과적일 것입니다. 또한 산에서 길을 잃은 사람을 찾는 데에도 활용할 수 있습니다.

출처: 《유엔미래보고서 2030》

나오는 글

엄마의 내공이 공부하는 아이를 만든다

"'부모'와 '학부모'는 과연 같은 존재인가, 다른 존재인가?"

학부모를 대상으로 입시 강의를 하다 보면 가끔 이런 생각이 머릿속을 스쳐 지나가곤 합니다.

매스컴에서는 매일같이 '학부모'에게 손가락질을 하며 잘못하고 있다고 윽박을 질러 대고, 또 한쪽에서는 '부모'의 희생과 사랑은 그 어떤 것에도 비할 수 없다며 찬양을 해 댑니다.

그런데 사실 이 둘은 동일한 것이 아닐까요? 부모가 시간이 흐르면 학부모가 되었다가, 또다시 시간이 흐르면 '학' 자가 빠져 부모가 되는 것…. 마치 시간의 흐름, 계절의 변화와 같이 자연스럽기 그지없는 변화인데도 왜 우리 사회는 유독 학부모에게는 모질게 구는 것일까요?

최근에는 꽤 달라진 듯하지만 마치 기성세대들이 '돈 이야기'를 대놓고 하는 것을 터부시했던 것처럼, 부모가 자녀의 교육에 관심을 두는 것 역시 '교양 있는 부모'가 할 만한 일은 아니라는 인식에서 비롯되지 않았나 싶습니다.

그러니까 부모는 자녀의 교육이나 성적, 진로 같은 것에 주도적으로 관심을 보이며 함께 고민하는 것이 아니라 언제나 한 발짝 뒤에 물러서서 '우리 아들, 우리 딸 파이팅! 엄마는 너희를 믿어!' 하며 인자한 웃음을 짓는 것이 기성세대가 가지고 있는 자애롭고 이상적인 부모상이었달까요?

"선생님, 우리 애가 학원에서 새로운 걸 배워 오면 꼭 저를 앞에 두고 얘기해 주거든요. 그런데 부끄럽지만 사실 저는 들어도 그게 무슨 소리인지 잘 모르겠어요. 그래도 그냥 열심히 듣기는 해요. 제가 해 줄 수 있는 일이 그런 것밖에 없으니까요."

저 역시 수화기 너머로 들려왔던 이와 같은 학부모님의 말에 순간 울컥했으니, 그저 무한한 사랑과 이해로 아이를 포용하고 단단하게 뒷받침해 줄 수 있는 부모란 존재가 아이에게는 얼마나 큰 힘이 될지 충분히 짐작할 수 있습니다.

하지만 세상이 달라졌습니다. 사회가 달라지면서 학교도 달라졌고, 학교가 바라는 학생의 모습도 달라졌습니다. 20년 전에는 책상 앞에 앉아 늦게까지 책과 씨름하는 자녀에게 과일을 깎아 조용히 넣어 주는 부모가 최고였다면, 이제 부모는 몸이 열 개라도 모자라는 아이를 대신해서 학원을 알아봐 주고, 문제집을 사다 주고, 입시 강의를 듣고 자료를 모아 주어야 합니다.

"선생님, 아이가 어제 학교에서 '공동 교육 과정 신청서'라는 걸 받아 왔는데 제가 이게 뭔지 잘 모르겠어서요. 아이도 잘 모른대서 제가 대신 알아봐 놓겠다고 했는데 설명을 좀 해 주시면 안 될까요?"

제아무리 자애로운 학부모라 하더라도 나서야 할 때는 망설임 없이 두 팔 걷고 나서야 합니다. 정보가 곧 힘인 시대, 이것은 비단 사회생활을 하는 어른에게만 적용되는 격언이 아닙니다. 학생들에게도 정보는 힘이고, 목표를 잃지 않게 해 주는 원동력이 됩니다. 그러니 자녀를 위한 동동거림을 결코 부끄러워하지 않아도 좋습니다.

'치맛바람'이라며 손가락질하는 사람들 앞에서 주눅 들지 말고 어깨를 폅시다!

부모가 입시를 공부한다는 것, 그 결심의 시작은 자녀에게 어떻게

든 도움이 되고 싶다는 간절함에서 비롯된 것이었고, 그 끝은 자녀의 미래를 함께 설계하며 조언을 해 줄 수 있는 '진짜 부모'가 됨으로써 완성될 것입니다.

비바람이 치는 모진 날씨 속에 아이를 밖으로 내보내려면 하다못해 우산 하나쯤은 챙겨 주고 싶은 것이 부모의 마음인 것처럼, 정보를 얻기 위해 잰걸음을 하는 것이 결코 다른 마음이 아닙니다. 그 간절한 마음을 아이도 잘 알고 있습니다. 아이는 자신을 위해 공부를 시작한 부모를 결코 외면하지 않습니다.

엄마에게 모정이 있는 것처럼 자녀에게도 부모를 향한 애정이 있습니다. 커 가는 내 아이와 서로 신뢰 관계를 구축하고 함께 미래를 설계하는 것, '학부모'가 다시 '부모'가 되어 가는 과정이란 바로 이런 것이 아닐까요?

부록

부록에는 먼저 부모 입시 강연에서 가장 많이 나오는 질문과 답변들을 정리했습니다. 그리고 입시를 대비하는 학생부 관리용 자가평가표로 아이와 함께 학생부를 객관적으로 살펴보는 시간을 가져 보세요. 또한 고교 3년의 생활을 한 번에 정리한 입시 일정 계획표를 담았습니다. 아이의 진로와 맞게 각 시기마다 어떤 준비를 해야 하는지 미리 알아볼 수 있습니다.

부록1

Q1. 고등학교 입학 전, 가장 먼저 해야 할 일은 뭘까요?

중학교 3학년 학생들의 2학기는 빠르게 지나갑니다. 고등학교 원서를 12월에 쓰기 때문에 11월 초나 중순에 벌써 2학기 기말고사를 치르기 때문입니다. 기말고사가 끝난 뒤로 부모들은 아이가 벌써 고등학생이 된 것 같은 기분이 들어 조급함을 느끼고, 당장 무엇부터 해야 하는지 갈팡질팡하고는 합니다.

겨울 방학 동안 아이에게 선행을 빠르게 시키는 편이 좋을지, 아이를 기숙학원을 보내야 하는 것은 아닐지 우선순위를 정하기가 그리 쉬운 일은 아니지요. '영어는 고등 입학 전에 끝내야 한다더라', '수학은 전체를 두 번은 봐야 한다더라', '필수 문학 작품은 모두 읽고 와야 한다더라' 하는 출처를 알 수 없는 말을 그냥 흘려보낼 수도 없는 난처한 마음은 충분히 이해합니다. 하지만 고등학교에 입학하기 전, 마지막 겨울에 가장 먼저 해야 하는 일은 이런 것이 아닙니다.

기억하세요. 가장 먼저 해야 할 일은 아이가 '고등학생의 마음가짐'을 가지도록 하는 것입니다.

아이가 고등학교에 올라가서 1등급을 받는 것이 목표인가요? 그렇다면 고등학교에서 1등급을 받는 학생들처럼 아이의 하루가 통제되어야지요. 시험 기간이 아니더라도 평소 '순공 시간(순수하게 공부에만 집중하는 시간)'이 5시간은 족히 되는 1등급 학생들은 방학이면 8시간에서 10시간을 꼬박 책상 앞에서 보내고는 합니다. 1등급 학생들에게 이런 생활은 별로 특별할 것 없는, 그저 매일 반복되는 '일상'입니다.

그런데 아직 중학생 티를 벗지 못했다는 이유로 방학 중에도 고작해야 한두 시간 공부하는 것이 전부이면서 '1등급을 받겠다'라는 목표를 세운다면 그저 허황된 꿈을 꾸는 것뿐이지요. 실행이 동반되지 못한 목표는 결코 계획이 될 수 없으니까요. 그러니 중학교 3학년 12월부터는 모든 눈높이를 중학생이 아닌 고등학생을 기준으로 모조리 바꾸는 일이 가장 시급합니다.

부록1

Q2. 고등학교 선택시 어떤 점을 중요하게 봐야 할까요?

우리 아이가 공부도, 학교생활도 무엇이든 알아서 척척 잘한다면 걱정할 필요가 없겠지요. 하지만 아쉽게도 대다수의 아이들은 강점과 약점을 동시에 가지고 있습니다.

어떤 아이는 꾸준히 공부를 할 수 있는 끈기가 있지만, 남들 앞에 나서서 내 의견을 말하는 일에는 스트레스를 받을 수도 있습니다. 또는 내가 좋아하는 일이나 과목은 집요하게 파고들지만 싫어하는 과목은 꼭 소화해야 하는 분량도 버거운 아이도 있기 마련입니다.

부모님들이 아이의 강점은 살려 주고 약점은 보완해 줄 수 있는 학교를 찾기 위해 고군분투를 하는 이유가 바로 이것입니다. 그러나 학교에 대한 소문은 사실을 확인할 수 없는 뜬소문이 많고, 평가 역시 사람에 따라 주관적이기 때문에 혼란이 가중되고는 하지요.

예전에는 고등학교 선택 기준이 아주 명확했습니다. 시험이 어려운지 쉬운지, 학업 분위기는 어떤지, 입시 결과는 좋은지와 같이 공부할 수 있는 환경이 1순위를 차지했지요.

하지만 요즘 희망 순위에서는 학업 분위기는 물론이고 우리 아이에게 유리한 전형을 지원해 줄 수 있는 환경이 마련되어 있는지도 필수적으로 확인해야 합니다. 하지만 그보다 먼저 고려해야 하는 점이 있지요. 바로 '교육과정 편제'입니다.

고등학생들의 과목 선택권을 보장하기 위해 학교에서 개설될 수 있는 과목의 수는 상당히 많아졌습니다. 하지만 현실적인 이유로 이 모든 과목들을 모두 개설하기란 힘든 일입니다.

게다가 학교에 따라 똑같은 과목이라고 하더라도 2학년 때 개설되는 학교가 있는가 하면, 3학년 때 개설되는 학교도 있기 때문에 배우는 시기 역시 다른 경우가 많습니다. 우리 아이의 진로와 적성에 맞는 과목이 운영된 적이 있는지, 만약 운영되고 있다면 언제 배우는지 확인하는 일은 장기 계획을 세우는 데 있어 필수입니다.

교육 과정 편제는 학교 공식 홈페이지의 공지사항 혹은 교육 과정 메뉴에서 확인할 수 있으니 관심 있는 학교가 있다면 인쇄를 해서 아이와 함께 이야기를 나눠 보는 시간을 꼭 가지시길 바랍니다.

부록1

Q3. 특목고, 자사고가 입시에서 유리한 이유가 있나요?

빠르면 초등학생 때부터 자사고나 특목고에 관심을 가지는 아이들이 있습니다. 진로 목표가 뚜렷하거나 열정 넘치는 친구들과 함께 학창 시절을 보내는 일에 관심을 두는 아이들이지요.

하지만 특목고나 자사고를 준비하는 과정이 쉽지는 않아서 학생들은 물론 부모들도 '맞게 준비하고 있는 것일까?' 또는 '이렇게까지 준비해서 갈 필요가 있을까?' 하는 생각을 하기도 합니다.

자, 특목고나 자사고는 왜 입시에서 유리한 위치를 차지하고 있을까요? 단순히 우수한 학생들이 많이 입학했기 때문일까요? 이 질문에 답을 얻기 위해서는 먼저 입시의 본질을 보셔야 합니다.

요즘 입시에서 가장 중요한 점은 '폭 넓은 지식의 이해'를 바탕으로 한 '자유로운 사고의 확장'과 '치열한 진로 탐색'을 동반한 '창의적 결과물'을 만들어 내는 일입니다.

우선 학교 공부를 열심히 하고 독서 등을 통해 교과서 밖의 배경 지식도 충분히 쌓는 것은 물론, 이를 바탕으로 스스로 의문을 던지며 답을 찾고, 꿈을 키워 나가는 학생들을 원하지요.

특목고와 자사고는 이 일련의 과정에서 일반 고등학교와 비교했을 때 확실한 강점을 가집니다. 열정이 있는 학생들이 모인 데다 학교에서는 자유 주제 탐구 활동을 마음껏 펼칠 수 있는 기회를 충분히 제공하고 있고, 선생님들 역시 학생들의 멘토가 되기에 충분한 경험을 쌓은 분들이 많거든요.

하지만 반대로 생각하면 학교와 관계없이 어릴 때부터 스스로 '지식의 습득 → 이해와 체득 → 새로운 의문과 해결 → 결과물'로 이어지는 학습 경험이 익숙한 학생이라면 특목고나 자사고가 아니더라도 얼마든지 목표를 이룰 수 있습니다.

그러니 새로운 시대와 새로운 학교에서 필요한 역량이 달라졌다는 점을 인지하고 어릴 때부터 아이에게 필요한 사고력, 창의력 등의 학습 역량들을 기르기에 초점을 맞춰 지도하는 일이 필수입니다.

부록1

Q4. 중간에 꿈이 바뀌었는데 입시에서 불리하지는 않을까요?

고등학생들의 가장 현실적인 고민이라고도 할 수 있습니다. 고등학교 생활을 하면서 진로는 물론, 목표하는 대학도 바뀌었는데 혹시 입시에서(특히 수시 종합 전형에서) 불리하지는 않을까 걱정하지요.

결론부터 말하자면 걱정할 필요는 없습니다. 고등학생들은 꽤 다 자란 아이들처럼 보이기도 하지만 겨우 열 일고여덟 살 밖에 되지 않은 아이들입니다. 당연히 3년 동안 같은 꿈을 꾸는 것이 더 희귀한 일입니다.

대학도 이를 알고 있습니다. 그래서 진로가 중간에 바뀌었다거나, 심지어 진로가 결정되지 않았다고 해도 큰 문제는 없습니다. 다만 내 꿈이 왜 바뀌었는지, 혹은 왜 아직 꿈을 정하지 못했는지가 학생부 상에서 충분히 드러나기는 해야 합니다.

2005년생 학생들부터는 이제 더 이상 대입에서 자기소개서도 활용하지 않습니다. 즉, 아이들이 자신의 이야기를 학생부를 통해서만 대학에 전달할 수 있기 때문에 꿈이 바뀐 과정들이 학생부에서 선생님들의 손을 빌려서 반드시 기록해야 한다는 것입니다. 그렇지 않으면 대학은 아이들의 생각의 변화 과정을 이해할 수 없으니까요.

예를 들어, 컴퓨터공학과를 목표로 하던 학생이 화학공학과로 진로를 바꾸었다면, 화학 선생님이 기록하는 '세부능력 및 특기사항'란에 화학을 얼마나 즐겁게 공부했는지, 자유 연구 주제는 무엇이었고 이후 무엇을 더 공부하고 싶어졌는지가 드러난다거나, 진로 활동에서 화학공학과에 관심을 가지게 된 계기를 설명하면 됩니다.

어렵게 생각할 필요는 없습니다. 있는 그대로의 '나'를 보여 주세요. 그것으로 충분합니다.

부록1

Q5. 공부 말고 다른 길을 찾아 주고 싶은데 어떻게 해야 할까요?

최근, 공부나 대학만이 길이 아니라는 점을 인정하는 부모들이 빠르게 늘어나고 있습니다. 자녀가 공부가 아닌 다른 미래를 꿈꾸고 있고, 이를 위해 노력한다면 걱정할 일이 별로 없겠지요. 문제는 공부에는 뜻이 없지만 그렇다고 해서 딱히 하고 싶은 일을 생각해 본 적 없는 아이들입니다.

만약 고등학생 아이가 현재 하고 싶은 일이 무엇인지 모르겠다고 고민을 털어놓는다면 일단 학업의 끈은 놓지 않도록 하는 편이 좋습니다. 1등급을 받으라는 뜻이 아니라, 나중에라도 찾게 될 꿈에 학업이 필요할지도 모르는 일인데 아예 손을 놓았다가는 입시 현실상 따라잡기가 불가능해질지도 모르기 때문이지요.

만약 자녀가 아직 초등학생이나 중학생이라면 먼저 다양한 경험을 할 수 있도록 도와주세요. 교과 학원 외에 다른 수업을 받아 보아도 좋고, 각종 기관에서는 청소년을 대상으로 하는 프로그램도 활발히 진행되고 있습니다. 심지어 인터넷만 있으면 어른들은 생각지도 못했던 분야에 도전할 수 있는 길도 너무나 많습니다.

그런데 주의할 점도 있습니다. 공부가 길이 아닌 것 같아서, 혹은 내 꿈을 찾기 위한다는 명목 하에 새로운 분야를 탐색하기로 했다면 새로운 분야에도 학업처럼 최선의 노력을 기울여야 한다는 점입니다.

작곡을 하고 싶다는 아이의 의견을 존중해 보습학원을 그만두었다면 어떨까요? 적어도 3개월 안에는 작곡 프로그램에 익숙해졌다는 사실을 증명하겠다는 등 부모님과의 합의 혹은 약속을 동반해야 합니다. 베이킹을 하고 싶다면 자격증을 공부하고, 결과물을 SNS에 적어도 20개 이상 등록하겠다는 목표 정도는 있어야 하고요.

만약 이러한 준비와 노력의 과정이 합의되지 않는다면 아이들은 새로운 길을 찾는 것이 아니라 공부를 하지 않을 새로운 핑계를 찾은 것과 같은 결과가 나올 가능성이 높습니다.

다시 한번 강조 드리지만 아이들의 가능성은 무궁무진하나, 유혹에 약하고 경험이 많지 않은 10대 청소년들이니까요. 하고 싶은 일을 하기 위해서는 해야만 하는 일이 있다는 점을 분명히 알려 주세요.

부록2

입시를 위한 학생부 자가평가표

고등학교 입학 후, 학생부를 처음 확인하는 많은 학생들과 학부모들은 '이 기록이 정말 좋은 기록일까?' 하는 의문을 가집니다. 당연한 일입니다.

학생부는 가장 내밀하고 개인적인 기록이기 때문에 정말 친한 친구의 것이라고 하더라도 하나하나 뜯어가며 내 것과 비교하기가 어렵습니다. 비교를 한다고 하더라도 내 진로와 적성, 의미를 둔 활동들이 친구의 것과 동일할 수가 없기 때문에 학생들과 학부모들이 학생부에 대한 평가를 내리기란 쉽지 않습니다.

부록2에서 제공하는 〈학생부 관리를 위한 자가평가표〉는 학생들과 학부모들에게 학생부 기록 평가의 기준을 세워드리기 위해 제작되었습니다. 학생부를 평가하는 대학에 따라 채점 기준은 모두 다르지만, 많은 주요 대학교들이 사용하는 채점 항목들을 중심으로 항목을 재구성했습니다.

아이가 자신의 학생부를 옆에 두고 각 항목에 따라 우수, 보통, 미흡으로 평가해 보도록 지도해 보세요. 좋은 기록이라면 다음 중 많은 항목에서 '우수' 평가를 받을 수 있는 충분한 근거가 있을 것입니다. 만약 해당 항목에 평가를 내릴 수 있는 근거가 부족하다면 '미흡'에 체크를 하고, 다음 학기에는 해당 항목에서 좋은 점수를 받을 수 있도록 활동 내용을 보충해야 합니다.

만약 다음의 평가표 결과 점수 총합이 5점 이하라면 학생부 종합전형을 준비하는 데 있어 빨간불이 켜진 상황이니 주의가 필요합니다. 이 평가표가 학생부 기록에 대한 기준점이 되기를 바랍니다.

<학생부 관리를 위한 자가평가표>

평가의 근거는 학생부 상의 기록을 기준으로 한다.
구체적 사실에 입각하지 않은 단순 감상 평가는 제외한다.
***평가: 우수(+1점), 보통(0점), 미흡(-1점)**

평가 조항	평가 세부 항목	평가 항목	평가 점수		
			우수	보통	미흡
학업 역량	교과 성적	교과 성적의 등급과 성취도는 어떠한가?			
	성적 추이	학년이 지남에 따라 성적은 상승하고 있는가?			
	교과 성실성	주요 과목 외 소홀한 과목이 있는가?			
	학습 관리	학업 수행을 위해 스스로 목표를 세우고 관리 혹은 달성하였는가?			
	심화 학습 경험	교과 학습을 바탕으로 보고서 등 심화 학습 활동을 전개하였는가?			
	교과 이수	시석 탐구심을 바탕으로 교과를 선택하고 이수하였는가?			
	탐구 능력	교과 학습을 바탕으로 현상이나 사물을 폭넓게 탐구하였는가?			
	학업 의지	학업 태도에 대한 교사 평가에서 학업 수행 의지가 드러나는가?			
진로 역량	관련 교과 이수	희망 전공과 관련하여 교과를 선택하고 이수하였는가?			
	관련 교과 학업	희망 전공과 관련된 교과목의 성적 성취 및 추이는 어떠한가?			
	진로 탐색	희망 전공과 관련하여 열의를 보인 활동의 수준은 어떠한가?			
	융합 역량	다양한 분야에 관심을 가지고 폭넓은 활동을 하였는가?			

평가 조항	평가 세부 항목	평가 항목	평가 점수		
			우수	보통	미흡
진로 역량	창의성	창의적 사고를 기반으로 문제 해결을 위해 노력하였는가?			
	지적 호기심	주어진 환경에서 관심 분야를 탐구하기 위해 노력하였는가?			
	전공 이해	내가 한 활동과 희망 전공을 연결하여 설명할 수 있는가?			
	성실성	학업과 활동에서 목표를 가지고 꾸준함을 보였는가?			
공동체 역량	리더십	공동의 목표를 위해 구성원과 상호작용한 과정은 어떠한가?			
	소통 능력	구성원들에게 합리적이고 효과적으로 내 의견을 전달할 수 있는가?			
	배려와 나눔	상대방을 존중하고 기꺼이 내 것을 나누어 준 경험이 있는가?			
	가치관과 윤리	사회적으로 합의된 원칙을 준수하고 윤리적 측면에서 올바른가?			
	극복 의지	어려움에 부딪히더라도 좌절하지 않고 극복한 경험이 있는가?			
	도전 정신	문제 상황을 인식하고 자발적으로 해결하기 위해 도전하였는가?			
	인성	교사 평가, 교우 평가에서 드러나는 인성은 어떠한가?			
총점					

부록3

입시의 핵심 시기, 고교 3년 입시 계획표

고등학교 1학년부터 3학년까지의 학교생활을 쭉 살펴볼 수 있는 고교 3년 입시 계획표입니다. 각 시기마다 주요 행사는 어떤 것이 있는지, 반드시 준비해야 할 내용은 무엇인지, 아이의 진로에 맞게 따로 무엇을 신경 써야 하는지 그려 보시길 바랍니다 (* 학교 상황에 따라 일정이 달라질 수 있습니다).

<고1, 고2 입시 계획표>

1~2월	3월	4월	5월	6월
고교 입학 전, 학년이 바뀜	입학, 동아리 신청	중간고사 대비, 수행평가 대비	학교 행사 기간	고등 범위 모의고사

7월	8월	9월	10월	11월	12월
기말고사, 1학기 마무리	짧은 여름 방학	교과목 선택 정정기간	중간고사, 학생 자치회 활동 집중 기간	전국 모의고사, 수능	기말고사, 학년 마무리

1~2월

예비 고등학생 기간이면서, 고등학교 1학년 학생은 학년이 바뀌기 전 마지막으로 열심히 공부할 수 있는 시기입니다. 먼저 학습 습관을 점검하고, 그 뒤에 학습 상황을 점검해 보세요.

첫 번째로 학습 습관 점검을 하기 위해서 플래너 사용법을 익히면 공부 습관을 익히는 데 도움이 됩니다. 먼저 내게 맞는 플래너 사용법을 익힌 후 내가 순수하게 공부에 집중하는 시간이 얼마나 되는지 확인하세요.

두 번째로 학습 상황 점검을 위해 선생 및 후행 학습을 위한 테스트를 해 보세요. 그리고 과목별 학습 시간이 얼마나 되는지 비율을 확인하는 과정도 필요합니다.

선생님 TIP

플래너의 종류는 10분 단위 계획표, TO DO LIST 플래너, 위클리 다이어리 등 다양하게 나와 있으니, 나에게 맞는 플래너를 찾아 사용하면 됩니다.

3월

고등학교에 입학하고 개학하는 시기입니다. 먼저 1학년 학생들은 고등학교 생활에 적응하는 시기입니다. 수업, 보충학습, 야간 자율학습 등 바뀌는 일상에 적응해야 합니다. 또한 3월에는 입시 대비의 첫걸음인 동아리를 선택합니다. 관심 있는 분야의 동아리를 미리 생각해 보고 신청하세요. 자율 동아리가 대입에 반영되지 않게 되면서 공식 동아리의 중요도가 높아졌으니 참고해 주세요.

학생과 학부모 모두에게 중요한 달로, 학부모 총회가 열립니다. 학교에 대한 정확한 정보를 얻을 수 있는 기회이지요. 불안함을 일으키는 '카더라' 대신 공식적인 이야기를 듣고 입시에 대비할 수 있는 정보를 얻을 수 있습니다.

선생님 TIP

인기 있는 동아리는 시험과 면접이 있는 경우도 많습니다. 동아리 지원 이유를 미리 잘 정리해 놓는 준비는 필수입니다.

4월

중간고사 준비 기간이면서 수행 평가를 대비하는 기간입니다. 1학년 학생들은 내신을 처음 준비하는 기간이지요. 많아진 교과목과 늘어난 시험 범위의 압박을 느낄 수 있습니다. 그렇기에 시험 한 달 전부터 구체적인 계획을 잘 세워야 합니다. 먼저 어떤 과목부터 공부할 지 우선순위를 정해 보세요. 기출 문제 풀이는 필수입니다.

수행 평가의 중요성을 인식해야 하는 시기이기도 합니다. 수행 평가는 내신에서 30~40퍼센트를 차지하기 때문이지요. 까다로운 수행 평가도 많아지고 있기 때문에 주의가 필요합니다.

선생님 TIP

요즘 수행 평가는 단답형 문제를 내기보다는 과제형(포트폴리오형)이 더 많아지는 추세예요. 시험 점수에도 포함되지만, 학생부에 기록되기도 하니 주제 선정에 더 공을 들여야겠지요?

5월

몰아치는 학교 행사로 정신없이 흘러갈 수 있는 달입니다. 장애인권 교육, 진로 탐색 주간, 소풍 등 중간고사가 끝나면 계속해서 학교 행사가 이어집니다. 자칫 휩쓸리면 한 달이 통째로 사라지니 주의해 주세요.

과목별로 발표를 하고 과제를 제출하는 중요한 일정도 잊지 마세요. 시험 성적에 포함되지 않는다고 방심은 금물입니다. 학생부에 기록될 가능성이 높기 때문에 평소 관심 있던 주제와 생각을 자유롭게 풀어내는 것이 중요하답니다.

선생님 TIP

학교 행사, 왜 하는지 모르겠다고요? 그런데 이 행사들이 학생부의 '자율 활동'과 '진로 활동'에 기록되고 있다는 사실을 아시나요? 적극적으로 참여해서 의미를 찾는다면 좀 더 좋은 학생부 기록이 완성됩니다.

6월

고등 범위의 모의고사를 치르고, 다음 학년 교과목 선택이 시작되는 중요한 달입니다.

6월 모의고사는 우리 학년 수업 범위 내에서 처음 치르는 모의고사이지요. 전국에서 나의 위치를 확인할 수 있는 절호의 기회입니다. 1학년 3월 모의고사는 중등 전 범위이며, 2학년 3월 모의고사는 고1 전 범위입니다.

또한 진로와 적성을 충분히 고려해서 내게 필요한 과목을 고민할 시간입니다. 다음 학년에 들을 교과목 선택 수요 조사가 있기 때문이지요. 단, 아직 변경이 가능하니 너무 심각하게 받아들이지 않아도 됩니다.

선생님 TIP

정시로 학생들을 선발하는 인원이 늘어나고 있어요. 때문에 모의고사는 내신만큼이나 중요한 지표가 됩니다. 단, 고1 모의고사는 국어와 수학만 상대평가입니다.

7월

기말고사를 치르고 1학기 활동을 마무리 짓는 기간입니다. 중간고사를 망쳤다면 너무 낙담하지 말고 기말고사를 잘 준비해서 역전을 노려 보세요. 중간고사 때 했던 실수를 반복하지 않는 것이 중요합니다.

학기를 마무리하면서 지난 1학기 활동 포트폴리오를 정리하는 달입니다. 한 학기 동안 교과, 비교과 학습을 어떻게 하고 있었는지 자료들을 모으고 각 과목 선생님들에게 제출하여 학생부에 기록될 수 있도록 준비하세요.

선생님 TIP

한 학기의 성적은 중간고사+기말고사+수행 평가의 합으로 산출됩니다. 따라서 기말고사를 잘 치른다면 중간고사의 결과를 얼마든지 뒤집을 수 있답니다.

8월

약 3주간의 짧은 여름 방학이 주어집니다. 이때 생활이 불규칙하게 무너지지 않도록 주의해 주세요. 이 시기를 잘 활용할 수 있는 단기 학습 계획이 필요합니다. 이때 과한 목표는 금물입니다. 새로운 것을 시도하기보다는 약점을 극복하는 일에 초점을 맞춰 보세요.

선생님 TIP

고등학교의 여름 방학은 순식간에 지나갑니다. 따라서 새로운 변화를 주기보다는 기존 계획을 밀도 있게 밀어붙이는 방향이 더 효과적입니다.

9월

교과목 선택을 확정하고 정정하는 기간입니다. 다음 학년 시간표를 확정하는 기간으로, 다양해진 교과목 중 나에게 필요한 과목을 주의 깊게 살펴보세요. 우리 학교에 개설되지 않은 교과목은 공동 교육 과정을 통해서 들을 수 있는지도 확인이 필요합니다.

선생님 TIP

똑같은 진로를 희망한다고 해도 관심사와 적성에 따라 교과목 선택은 달라질 수 있습니다. 기준은 있지만 정답은 없다는 사실을 기억하세요.

10월

중간고사가 있고, 학생이 중심이 되는 행사들이 연달아 있는 시기입니다.

먼저 2학기 중간고사는 공휴일과의 싸움입니다. 1학기에 비해 내신 준비 기간이 짧기 때문에 좀 더 세밀한 계획을 세워야 합니다. 또한 학생 자치회 행사가 집중적으로 있는 기간입니다. 수학여행, 체육대회, 학교 축제, 학교 임원 선출 등 학교생활을 열심히 하는 학생이라면 가장 정신없는 지나가는 시기가 되겠지요.

선생님 TIP

5월의 학교 행사가 학교 중심이었다면 10월의 학교 행사는 학생들이 주축이 되어 준비하는 행사들입니다. 때문에 임원을 맡은 학생들은 시험기간보다 더 바쁜 나날을 보내고는 하지요. 이때 공부를 하지 않는다고 잔소리는 금물입니다! 이 활동들은 아이들의 적극성과 주도성을 나타내는 지표가 됩니다.

11월

전국 모든 학생들이 치르는 모의고사가 있습니다. 처음으로 전국의 모든 학생들이 치르는 첫 전국 모의고사이기 때문에, 시험 범위도 많이 누적됩니다. 학생들의 진짜 실력이 드러나기 시작하지요.

3학년 학생들의 수능도 있습니다. 11월 둘째 주 목요일, 수능이 끝나고 나면 1, 2학년 학생들의 마음가짐은 어떻게 달라질까요? 이제 입시가 정말 남의 일이 아니라는 점을 느끼고 마음을 다잡는 학생들이 많아집니다. 분위기 전환이 필요하다면 이 시기를 놓치지 마세요.

선생님 TIP

모의고사는 3, 6, 9, 11월에 치러집니다. 하지만 지역에 따라 시행하지 않는 곳들도 있어서 전국 모든 지역이 치르는 시험은 11월입니다.
3월에는 경기, 전북, 광주는 치르지 않습니다(단, 전북은 2학년 때는 3월에 시험을 치름). 6월에는 서울, 9월에는 경기 지역에서 치르지 않습니다.

12월

기말고사와 학년을 마무리하고 3학년이 되는 내년을 준비하는 중요한 달입니다.

첫 번째로 지난 일 년을 돌아보며 내게 유리한 입시 전형들을 살펴보세요. 나의 강점은 살리고 약점은 보완하기 위한 계획도 놓치지 마세요.

두 번째로 학생부에서 누락된 점은 없는지 확인해 보세요. 과목별 세부 능력 및 특기사항뿐 아니라, 동아리, 진로 활동, 자율 활동에서도 누락된 활동 및 기록물은 없는지 반드시 확인이 필요합니다.

선생님 TIP

학생부는 어디에서 확인할 수 있을까요? 나이스 대국민 서비스(neis.go.kr)에서 출력이 가능합니다. 아니면 학교 행정실 또는 담임 선생님께 부탁드릴 수도 있습니다.

<고3 입시 계획표>

3월	5월	6월	7월	8월
개학	중간고사, 진학 상담	6월 전국 모의고사	기말고사, 학생부 제출 마무리	수시 원서 리스트 정리

9월	11월	12월	1~2월
전국 모의고사, 수시 원서 접수	수능	수능 성적표 배부, 수시 발표	정시 원서 접수 및 발표 기간

3월

3학년 3월에는 세 가지 중요한 일정이 있습니다. 첫 번째는 상대 평가 과목과 절대 평가 과목을 분류해서 계획을 짜는 일입니다. 대다수 과목이 등급제 과목인 1, 2학년과는 다르게 3학년 교과목은 절대 평가 과목이 많습니다. 그래서 주요 과목이라고 하더라도 우선순위가 달라질 수 있으므로 학기 초 과목 분류에 따른 내신 공부 계획이 필요합니다.

두 번째는 1~2학년 학생부를 미리 파악하고 약점을 보완하는 일입니다. 3학년 활동은 새로운 것을 하기보다는 약점은 보완하고 강점은 살리는 방향이 유리합니다.

세 번째로 수능에서 어떤 과목을 선택할 것인지 방향성을 정하세요. 학년 초에 미리 수능 선택 과목을 고민해 보세요.

선생님 TIP

내신 과목과 수능 과목이 다른 학생들이 많습니다. 내신과 수능 준비를 병행하는 것이 좋습니다.

5월

5월에는 중간고사와 진학 상담이 있습니다. 중간고사 이후, 본격적인 진학 상담이 시작됩니다. 경험 많은 학교 선생님을 믿고 현재

내 위치를 객관적으로 파악하도록 노력하세요. 목표는 높을수록 좋지만, 현실 도피는 피해야 합니다.

선생님 TIP

중간고사 기간에도 끝까지 긴장을 놓지 않는 힘이 필요합니다. 절대 평가 과목도 점수에 반영하는 대학이 늘어나고 있습니다. 그러니 성취도 A등급을 위해 끝까지 방심은 금물입니다.

6월

전국 모의고사가 있는 달입니다. 3학년 6월 모의고사는 우리 학년뿐 아니라 재수생들도 함께 치르는 시험입니다. 즉, 수능에서 내 위치를 가늠할 수 있는 시험이지요. 또한 수능을 출제하는 교육과정평가원에서 문제를 출제하기 때문에 수능의 경향성을 확인할 수도 있습니다.

선생님 TIP

6월 모의고사를 토대로 수시 원서 리스트를 작성해야 하므로 적어도 3년치 기출 문제는 꼭 풀어 보면서 준비하세요.

7월

기말고사를 치르고 학생부 제출을 마무리하는 시기입니다.

먼저, 현역 고3이라면 대입에 반영되는 내신은 3학년 1학기까지입니다. 즉, 3학년 학생들은 기말고사가 끝난 후 곧바로 수능 준비 체제로 돌입해야 한다는 뜻이지요. 하지만 재수를 하게 된다면 그때는 3학년 2학기 내신도 대입에 반영되기 때문에 이 점은 주의하세요.

두 번째로 학생부 마무리 작업이 있습니다. 기말고사가 끝나고 나면 담임 선생님이 3학년 학생부 기록을 나눠 주신답니다. 이를 바탕으로 학생부를 수정하거나 모자란 점은 보충해야 합니다.

선생님 TIP

학생부 마무리 작업시 필요하다면 빨리 새로운 포트폴리오를 완성해서 각 과목 선생님들에게 제출해야 합니다. 후회가 없으려면 바쁘게 움직여야겠지요?

8월

수시 원서 리스트를 정리하는 달입니다. 수시 지원 대학을 정리하고 상담을 하지요.

전문대학 및 특수대학을 제외한 일반대학의 최대 수시 지원 원서는 6장으로 한정되어 있습니다. 이 6장 안에 교과, 종합, 논술, 특기자, 기타 수시 전형을 조합하여 나에게 가장 유리한 조합을 찾아야 합니다.

선생님 TIP

일반대학에서는 더 이상 자기소개서를 쓰지 않기 때문에 학생부의 중요성은 더욱 커졌답니다. 입시 경험이 많은 여러 선생님에게 학생부에 대한 의견을 구한 뒤 결정을 내리는 것이 합격률을 높이는 비법입니다.

9월

9월 전국 모의고사를 치르는 달입니다. 그리고 수시 원서 접수를 하는 기간이지요.

6월 모의고사 결과 및 9월 모의고사 성적을 종합하여 마지막으로 수시 지원 대학을 정리하세요. 만약 9월 모의고사도 원하는 성적이 나오지 않았다면 수시 하향 지원도 필요합니다.

선생님 TIP

지나친 수시 하향은 '수시 납치' 가능성을 높입니다. 아무리 수능을 잘 본다고 해도 수시에서 한 장이라도 합격하게 된다면 등록 여부와 관계없이 정시 원서는 쓰지 못한다는 사실을 꼭 기억하세요.

11월

11월 둘째 주 목요일, 드디어 수능입니다.

선생님 TIP

최선의 결과를 얻기 위해 최고의 컨디션 조절에 신경 써 주세요.

12월

수능 성적표가 배부되고 수시 결과가 발표됩니다. 수능 성적표가 나온 후 수시 발표가 시작되는데, 논술, 면접 등은 수능 이후 곧바로 시작되지만 합격 여부는 수능 성적표 배부 이후가 대다수입니다.

선생님 TIP

수시 발표는 추가 합격 등이 이어지므로 12월 말까지는 기다려 주세요. 만약 6장의 수시 원서가 모두 불합격되었다면 정시 접수로 넘어가게 됩니다.

1~2월

정시 원서를 접수하고 결과가 발표됩니다. 정시 원서는 최대 3장으로, 가군, 나군, 다군에 각각 한 장씩 원서를 쓸 수 있습니다.

선생님 TIP

같은 대학이라고 하더라도 학과에 따라서 어떤 군에서 학생을 모집하는지는 다를 수 있습니다. 때문에 가군, 나군, 다군에서 각각 내가 희망하는 학교를 미리 정해 놓아야 혼란을 줄일 수 있습니다.

성적 관리부터 진로 설계까지 엄마의 첫 입시 가이드

입시를 알면 아이 공부가 쉬워진다

1판 1쇄 2021년 6월 23일
1판 4쇄 2021년 11월 22일
개정증보1판 1쇄 2022년 11월 25일
개정증보1판 2쇄 2023년 1월 9일

지은이 정영은
펴낸이 유경민 노종한
책임편집 장보연
기획편집 유노라이프 박지혜 장보연 **유노북스** 이현정 류다경 함초원 **유노책주** 김세민
기획마케팅 1팀 우현권 **2팀** 정세림 유현재 정혜윤 김승혜
디자인 남다희 홍진기
기획관리 차은영
펴낸곳 유노콘텐츠그룹 주식회사
법인등록번호 110111-8138128
주소 서울시 마포구 월드컵로20길 5, 4층
전화 02-323-7763 **팩스** 02-323-7764 **이메일** info@uknowbooks.com

ISBN 979-11-91104-54-7 (13590)